日本摂食嚥下リハビリテーション学会eラーニング対応

第1分野

摂食嚥下リハビリテーションの全体像 Ver.3

日本摂食嚥下
リハビリテーション学会 編集

医歯薬出版株式会社

編集（日本摂食嚥下リハビリテーション学会教育委員会「摂食嚥下リハビリテーションの全体像」担当．＊同委員会委員長）

出江紳一*：東北大学大学院医工学研究科リハビリテーション医工学分野教授

柴田斉子：藤田医科大学医学部リハビリテーション医学Ⅰ講座准教授

尾﨑研一郎：足利赤十字病院リハビリテーション科

執筆者一覧（執筆順）

才藤　栄一：藤田医科大学学長

藤田医科大学医学部リハビリテーション医学Ⅰ講座教授

椿原　彰夫：川崎医療福祉大学学長

依田　光正：昭和大学医学部リハビリテーション医学講座准教授

下堂薗　恵：鹿児島大学大学院医歯学総合研究科リハビリテーション医学分野教授

松尾浩一郎：藤田医科大学医学部歯科・口腔外科学講座教授

薛　　克良：特定医療法人順和長尾病院リハビリテーション部部長

藤島　一郎：浜松市リハビリテーション病院病院長

野﨑　園子：わかくさ竜間リハビリテーション病院

藤本　保志：愛知医科大学医学部耳鼻咽喉科学講座教授

植松　宏　：東京医科歯科大学名誉教授

山脇　正永：京都府立医科大学大学院医学研究科総合医療・医学教育学教授

小口　和代：刈谷豊田総合病院リハビリテーション科部長

藤谷　順子：国立国際医療研究センター病院リハビリテーション科医長

日本摂食嚥下リハビリテーション学会教育委員会

出江紳一（委員長），石野智子，重田律子，小山珠美，柴田享子（～2018年度），柴田斉子，戸原　玄，中山渕利，福永真哉，弘中祥司，渡邉理沙，尾﨑研一郎

This book was originally published in Japanese
under the title of：

NIHON SESSHOKU-ENGE RIHABIRITESHON GAKKAI I RANINGU TAIO
DAI 1 BUNYA SESSHOKU-ENGE RIHABIRITESHON-NO ZENTAIZO BAJON 3
(Based on The Japanese Society of Dysphagia
Rehabilitation e-learning programs
"1. Introduction of Dysphagia Rehabilitation" Ver. 3)

Editor：

The Japanese Society of Dysphagia Rehabilitation

ISHIYAKU PUBLISHERS, INC.
7-10, Honkomagome 1 chome, Bunkyo-ku,
Tokyo 113-8612, Japan

シリーズVer. 3発行にあたって

日本摂食嚥下リハビリテーション学会（以下，学会）の会員数は15,000人を超え，毎年1,000人以上のペースで増加している．認定士は3,000人を超える．それぞれの地域のニーズに対して未だ充足しているとはいえないにしても，このような普及は世界的にも例をみない．これは日本の医療者が「食」というQOLをいかに大切に扱ってきたかを反映していると思われる．

誰でもが最初は初心者である．教育-研究-臨床実践は一体であり，知識を実践し，疑問を研究に結びつけ，その努力が新たな知識を生みだす．摂食嚥下リハビリテーションという学際科学の発展は，30年前の初心者が地道に努力を続けてきた結果であることは間違いないが，そのような臨床家が集まり知見を交換する場を提供し，さらに教育コンテンツとして誰でもがアクセスできるようにした学会の意義は大きいと考える．

本書は，学会インターネット学習システム（eラーニング）の参考書である．令和元年度のeラーニング改訂にあわせて本書も改訂されることとなり，ここに上梓されるに至った．今改訂においても新たなコンテンツの作成にあたられた方々をはじめとして関係各位に感謝申し上げる．現在の学問と臨床の水準にあわせてそれぞれのコンテンツを改訂したことに加えて，概念を整理するために内容の移動など編集にも注意を払った．特に項目として新たにサルコペニア（第5分野）を立てたのは，高齢者の嚥下障害関連肺炎と摂食嚥下障害，およびサルコペニアの関連が注目されるとともに，その知見が集積されつつあることによる．

本書の内容は，摂食嚥下リハビリテーションの実践において多職種が連携するための共通言語である．学会認定士を目指す方はもちろん，すでに専門家として活躍されている方々が，周囲のスタッフを巻き込んで連携するための教育ツールとして活用することもできるだろう．本書が患者さんのために日々努力されている臨床家や教育者の役に立つことを願っている．

令和2年5月

一般社団法人日本摂食嚥下リハビリテーション学会

教育委員会委員長　**出江紳一**

シリーズVer. 2発行にあたって

本書は，日本摂食嚥下リハビリテーション学会インターネット学習システム（eラーニング）の参考書である．平成27年度のeラーニング改訂に合わせて本書も改訂されることとなり，ここに上梓されるに至った．これまで同学会認定制度の確立，eラーニングの立ち上げ，そして認定事業の継続と発展に携わってこられた関係各位に深く敬意を表する次第である．

いうまでもなく摂食嚥下リハビリテーションは多職種協同の営みであり，疾患の急性期から生活期までの，すべての時期で重要な役割を演じるだけでなく，予防的な対応を含めると，ほとんどすべての国民に関係するといっても過言ではない．学会発足から20年が過ぎ，摂食嚥下リハビリテーションは専門性を深化させてきた．その多様で広汎な知識と技術のなかから，共通の基本的な医療関連知識を明示することが，専門領域の社会的責任として求められることになる．その意味で，誰でもが入手できる本書の意義は大きい．

内容は，摂食嚥下の基本的理解，摂食嚥下障害の評価，同障害へのさまざまな対応等が網羅されており，それぞれの領域の第一人者により平易に述べられている．本書の基本的知識は日本摂食嚥下リハビリテーション学会認定士を目指す方はもちろん，すべての保健・医療・福祉関係者に有用であると思われる．より多くの方々が本書を参考書として摂食嚥下リハビリテーションの基本を学び，日々の実践に活かして下さることを願っている．

平成27年6月

一般社団法人日本摂食嚥下リハビリテーション学会

教育委員会委員長　**出江紳一**

シリーズ刊行に寄せて（Ver. 1収載）

日本摂食・嚥下リハビリテーション学会は，摂食・嚥下リハビリテーションにかかわる多職種が集まり，患者ニーズに対し協力的，効率的，合目的に対応を考えるというtrans disciplinaryな対応を可能とすべく，1996年9月に発足した．以来，本分野の研究，発展，普及に努めており，現在では会員数が6,000名を超えている．また，2009年8月には一般社団法人となり，急速に高まる社会的ニーズに応えるべく法人格を取得し，アイデンティファイされることとなった．

本学会は，この法人格取得と同時に認定士制度を設けた．その目的は，認定士制度規約の第１条に記されているが，「『日本摂食・嚥下リハビリテーション学会認定士』制度は，日本摂食・嚥下リハビリテーション学会総則第２条『摂食・嚥下リハビリテーションの啓発と普及，その安全で効果的な実施のために貢献する』を積極的に具現化するために，摂食・嚥下リハビリテーションの基本的な事項と必要な技能を明確化し，それらの知識を習得した本学会の会員を認定することを目的とする」である．本領域の活動は，多職種が担う．そのため，摂食・嚥下リハビリテーションを行うに当たって，当該職種が知っておかなくてはならない共通の知識，そして各職種の適応と制限に関する知識を明確化しておくことは，学会の重要な責務であろう．また，そのような知識を有するものを学会が認定し，その知識レベルを保証することは大変意義深い．

この知識は，われわれの活動の基礎になるものである．そして，その学習方法の一つが，本書の骨子となるeラーニングにあたる．この概要は，インターネット上で体系的に６分野78項目に分類された最重要事項を供覧することで，上記のような共通知識の整理をはかるものである．そして，この課程を修めることが，認定士受験資格の重要な要件の一つとなる．

さらに，認定士の展開としては，認定を得たものがそれぞれの専門職種において，より専門的な知識や技能を修得できるような構造が望ましいと考えられる．例えば，この認定士資格をもつものが，高度な実習を要するセミナーに参加ができるなどである．また，関連する他の学会の学会員が，この認定士の水準を十分に備えていると認められるような場合は，申請により認定士の資格を与えるなど，関連学会と発展的な関係を築く基盤となる．

今回，ここに上記のようなeラーニング各分野の学習内容をもとに，書籍を刊行することになった．それは，eラーニング受講者の学習の便をはかるとともに，より多くの人に必要最低限の共通知識を知ってもらい，本領域がいっそう伝播することを企図したことによる．

そうして学習基盤を整理することで関係職種の多くの方が本学会へ参加できるようになり，それによって摂食・嚥下障害を有する患者の幸せに少しでも寄与することができれば，望外の喜びである．

2010年8月

一般社団法人日本摂食・嚥下リハビリテーション学会
理事長　**才藤栄一**

緒　言（Ver. 1収載）

本書は，日本摂食・嚥下リハビリテーション学会インターネット学習システム（eラーニング）の参考書である．eラーニングによる学習を支援することを目的とし，eラーニングコンテンツを踏襲した内容で構成されている．内容は豊富で網羅的なので，日本摂食・嚥下リハビリテーション学会会員以外の方々にもおおいに参考にしていただけるものになっている．

eラーニングは，2010年7月16日に開講した．その構想は2007年に認定制を計画することが決まり，認定士としてふさわしい知識をどのように会員に伝達するかを検討する過程で始まった．当初は研修会を日本各所で開催し，これらを受講した会員が認定士試験受験資格を得るという従来型の案もあったが，日本摂食・嚥下リハビリテーション学会会員の職種は，非常に広範囲にわたるので，共通の基本的な医療関連知識を担保する必要があった．たとえば，医療の総論的な内容やリスク管理の知識は教育環境にいる人たちにはあまり馴染みがないかもしれないが，このような知識は学会認定士にとっては必須事項になるべきである．

このような広い内容を含めると，およそ20時間に相当するセミナーが必要になる．これを研修会のスタイルで行うには，物理的，経済的に困難だった．また，日本摂食・嚥下リハビリテーション学会会員は，少人数職場に従事しているため気軽に学会や研修会に参加しにくい環境にあることも多い．このような背景から，当時の資格制度準備委員会（現認定委員会）は，認定士試験受験資格としてのeラーニング構想を理事会に提案し，理事会において歓迎をもって受理され，学会の最重点課題の一つになった．

2008年の第14回学術大会では，総会，シンポジウムでこの構想を発表し，理解をいただいた．その後，2年の歳月を経て，何とか準備が整い，2010年7月，開講に至った．

コンテンツの作成は，日本摂食・嚥下リハビリテーション学会認定士のうち資格制度準備委員会で推薦し，理事会で承認された各分野の専門家76名と認定委員20名が分業してあたった．内容に関しては，コンテンツの作成者と認定委員との間で調整を行った．この作業は困難なこともあったが，各コンテンツは工夫された．また，最初の構想では必要最低限の知識を中心に構成される予定だったが，この域を大きく超えて，非常に充実した内容になった．

実際のeラーニングをご覧いただくとわかるが，1コンテンツ10から15枚程度のスライドに，解説文が付随し，それを読み進め，最後に確認問題をして1コンテンツが終了するという構成になっている．動画なども多用してあり非常にわかりやすい内容である．しかし，一度学習が終了したあとに，再度確認したいということもあるだろうし，もう少し詳しい解説がほしいということもあるだろう．

本書はこのような要望に対応することを目的に出版された．より多くの方に，有効に活用していただけることを願っている．

2010年8月

一般社団法人日本摂食・嚥下リハビリテーション学会
認定委員会委員長　**馬場　尊**

e1 CONTENTS
Ver.3

§3　原因と病態

本書をお読みになる前に

本書は，日本摂食嚥下リハビリテーション学会の「e ラーニング」をもとに構成しています．学会の認定士制度規約によれば，e ラーニングとは，

・第６条　認定委員会は研修プログラムの一つとして、本制度（注；認定士制度）の求める認定水準としての知識と技能を伝達するためのインターネット学習プログラム（以下「e ラーニング」という）を企画し運営する。e ラーニングは本学会員の希望者に公開される。e ラーニングは本制度の求める認定水準を公開すると同時に、参照履歴登録機能や学習登録機能を作成し、一定基準に達したものに修了証を発行する。

とされています．

本書は，この e ラーニングの学習内容をもとに構成され（次ページ，e ラーニング全体の項目参照），当該プログラム受講者にとってはその学習の一助となるように編纂されています．また，未受講者は同水準のアブストラクトを学習できるとともに，当該プログラム受講に先立つ「予習」として役立てることもできます（**下図**）．

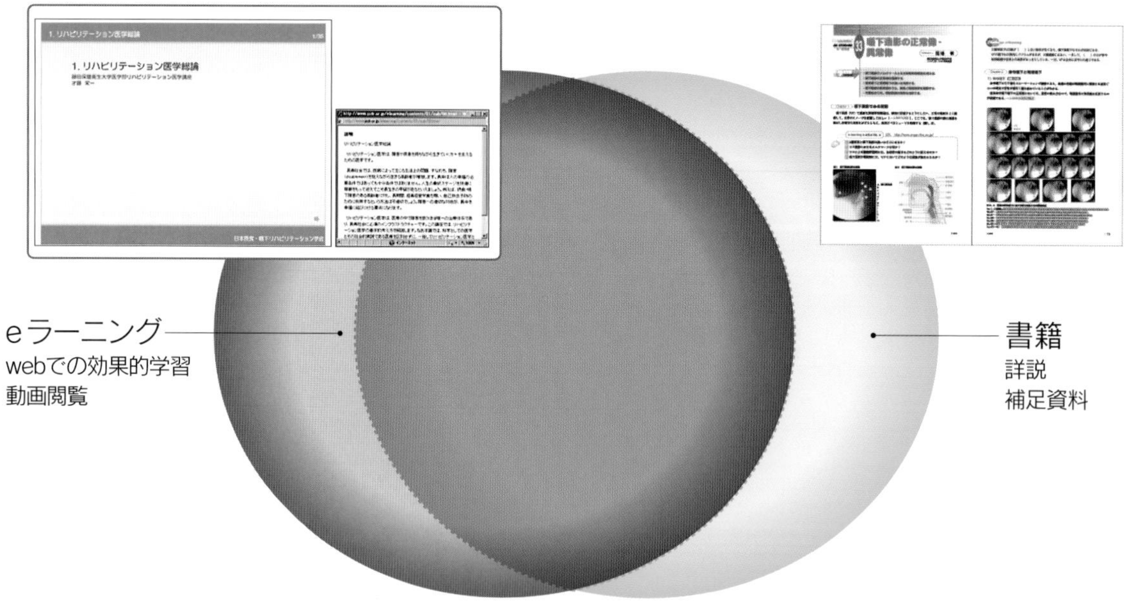

図　e ラーニングと本書の関係（概念）

eラーニング全体項目

分野 （第 1 段階）	授業科目 （第 2 段階）	no.	コース （第 3 段階）	管理者 （敬称略）
摂食嚥下リハビリテーションの全体像 （第 1 分野）	1．総論	1	リハビリテーション医学総論	才藤栄一
		2	摂食嚥下のリハビリテーション総論	椿原彰夫
	2．解剖・生理	3	構造（解剖）	依田光正
		4	機能（生理）	下堂薗恵
		5	嚥下モデル：4 期モデル・プロセスモデル	松尾浩一郎
	3．原因と病態	6	摂食嚥下各期の障害	薛　克良
		7	原因疾患：脳卒中	藤島一郎
		8	原因疾患：神経筋疾患	野﨑園子
		9	原因疾患：頭頸部癌	藤本保志
		10	加齢と摂食嚥下機能	植松　宏，山脇正永
		11	摂食嚥下に影響する要因	小口和代
		12	合併症：誤嚥性肺炎・窒息・低栄養・脱水	藤谷順子
摂食嚥下リハビリテーションの前提 （第 2 分野）	4．リスク回避	13	リスク回避のための基礎知識・環境整備	永見慎輔
		14	誤嚥への対応法：体位ドレナージ・ハフィング	加賀谷斉
		15	窒息・嘔吐への対処法	神津　玲
		16	リスク回避に有用な器機と使い方	高橋博達
	5．感染対策	17	感染防御総論	市村久美子
		18	食中毒の予防	石野智子
	6．関連法規・制度	19	訓練実施に関連する医療関係法規	鎌倉やよい
		20	摂食嚥下リハビリテーションに関わる診療報酬	小野木啓子
		21	摂食嚥下リハビリテーションに関わる介護報酬	植田耕一郎
摂食嚥下障害の評価 （第 3 分野）	7．患者観察のポイント	22	主訴・病歴・問診	青柳陽一郎
		23	全身症状，局所症状	石井雅之，加賀谷斉
	8．スクリーニングテスト	24	質問紙・包括的評価	深田順子，小山珠美
		25	摂食嚥下障害の評価（スクリーニングテスト）	戸原　玄
		26	その他のスクリーニングテスト	高橋浩二
		27	医療機器による評価	中山渕利
	9．嚥下内視鏡検査	28	概要・必要物品・管理	野原幹司
		29	検査の実際・合併症とその対策	藤井　航
		30	正常所見・異常所見・小児の検査の要点	太田喜久夫，木下憲治
	10．嚥下造影	31	概要・必要物品・造影剤	武原　格
		32	検査の実際・合併症とその対策（嚥下造影検査）	柴田斉子
		33	正常所見・異常所見，小児の検査の要点	馬場　尊，北住映二
	11．重症度分類	34	摂食嚥下障害臨床的重症度分類 摂食嚥下能力グレード / 摂食嚥下状況のレベル	大野友久
摂食嚥下リハビリテーションの介入 （第 4 分野）	12．口腔ケア：総論	35	口腔ケアの定義・期待される効果	角　保徳
		36	歯・義歯・口腔粘膜の観察	渡邊　裕
		37	唾液の基礎知識	菊谷　武
	13．口腔ケア：各論	38	口腔ケアの準備，歯の清掃法，必要器具・薬剤	柴田享子
		39	舌・粘膜の清掃法，洗浄・うがい・保湿，必要器具・薬剤	石田　瞭
		40	小児の口腔ケアのポイント	水上美樹
	14．間接訓練：総論	41	間接訓練の概念	川岸　惠
		42	筋力訓練・関節可動域訓練の基礎	園田　茂

分野 （第 1 段階）	授業科目 （第 2 段階）	no.	コース （第 3 段階）	管理者 （敬称略）
摂食嚥下リハビリテーションの介入	15．間接訓練：各論	43	口腔器官の訓練	西尾正輝
		44	鼻咽腔閉鎖・咽頭収縮・喉頭閉鎖訓練	倉智雅子
		45	発声・発語訓練	福岡達之，藤原百合
		46	準備・口腔期に対する間接訓練	熊倉勇美
		47	咽頭期に対する間接訓練（Thermal tactile stimulation/Shaker 訓練 / 治療機器）	椎名英貴
		48	咽頭期に対する間接訓練：チューブ嚥下訓練・バルーン拡張法	北條京子
		49	呼吸および頸部・体幹に対する訓練	神津　玲
	16．直接訓練：総論	50	直接訓練の概念・開始基準・中止基準	小島千枝子，岡田澄子
		51	段階的摂食訓練の考え方	柴本　勇
	17．直接訓練：各論	52	直接訓練時の環境設定	浅田美江
		53	直接訓練で用いる嚥下誘発手技	長谷川賢一
		54	体位・頸部姿勢の調整	稲本陽子，岡田澄子
		55	直接訓練で用いる嚥下手技	清水充子
		56	食事場面の直接訓練	小島千枝子
	18．食事介助	57	食事場面の観察（中止を考えるとき，条件を守る工夫）	石﨑直彦
		58	食具・自助具・食事介助方法	竹市美加
		59	摂食嚥下障害患者に対する捕食から嚥下までの介助	小山珠美
		60	認知症（認知機能障害）があるときの食事介助	福永真哉
	19．口腔内装置	61	食事時の口腔内装具（義歯，PAP，PLP）	鄭　漢忠
	20．外科治療	62	嚥下機能改善手術，誤嚥防止手術	津田豪太
摂食嚥下障害患者の栄養 （第 5 分野）	21．臨床栄養の基礎	63	栄養療法の基礎	栢下　淳
		64	栄養スクリーニング・栄養マネジメント	小城明子
		65	リハビリテーション栄養	若林秀隆
		66	サルコペニア	若林秀隆
		67	障害者・高齢者の栄養管理	近藤国嗣
	22．経管栄養法	68	経管栄養の適応・種類と特徴・合併症	瀬田　拓
		69	具体的方法：経鼻経管栄養・間欠的経管栄養法・胃瘻栄養法	藤森まり子，藤島一郎
	23．食物形態の調整	70	食物物性・形態	大越ひろ
		71	増粘食品の使用方法	三鬼達人
		72	嚥下調整食・調理器具	江頭文江
小児の摂食嚥下障害 （第 6 分野）	24．総論	73	小児の摂食嚥下リハビリテーションの特殊性，障害の分類と特徴	弘中祥司，田角　勝
		74	摂食嚥下の発達と障害	弘中祥司
	25．原因疾患	75	構造の異常	舘村　卓
		76	機能の異常	田角　勝
	26．小児への対応	77	評価・介入	綾野理加
		78	栄養管理	近藤和泉

eラーニング 受講方法

（日本摂食嚥下リハビリテーション学会 HPより一部改変）

受講手続きと有効期限

受講には，日本摂食嚥下リハビリテーション学会に入会していることが必要です．

会員が下記の手順に従って受講申請すると，ID とパスワードが発行されますので，ID とパスワードの有効期限内（申し込み月の翌月1日より1年間）に受講を終了してください．有効期限内に修了できない場合は再度受講申請が必要となりますので，ご注意ください．

受講申請

eラーニング受講申請はオンラインで行います．
https://www.jsdr.or.jp/e-learning/e-learning_application3.html

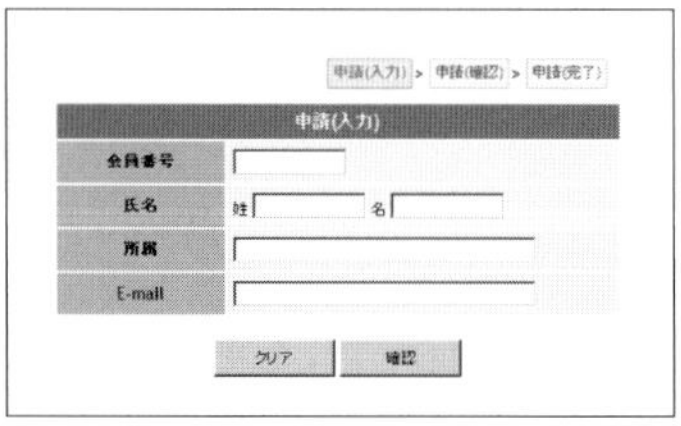

1）会員番号，氏名，所属，メールアドレスを入力し，「次へ」をクリックして次画面へお進みください．
2）入力内容に誤りがないことを確認した後，「申請」ボタンをクリックします．
　※入力内容を修正する場合は，「戻る」ボタンを押して入力画面へお戻りください．
3）ご登録メールアドレス宛に，ID とパスワード，ログイン URL が送付されます．
　（2～3日経過してもログイン情報メールが届かない場合は，事務局までご連絡ください．）
4）メールに記載のログインページより ID とパスワードを入力し，受講を開始してください．

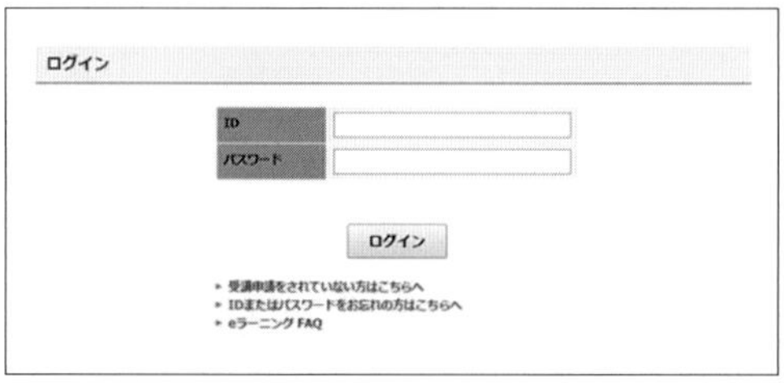

受講コースの選択

1）ログインすると，以下の画面が表示されます．
　講座名称「日本摂食嚥下リハビリテーション学会 e ラーニング Ver.3」をクリックしてください．

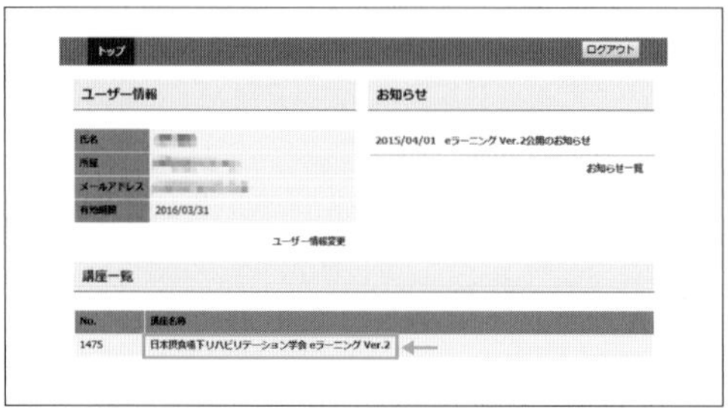

2) 講座一覧画面が表示されます.

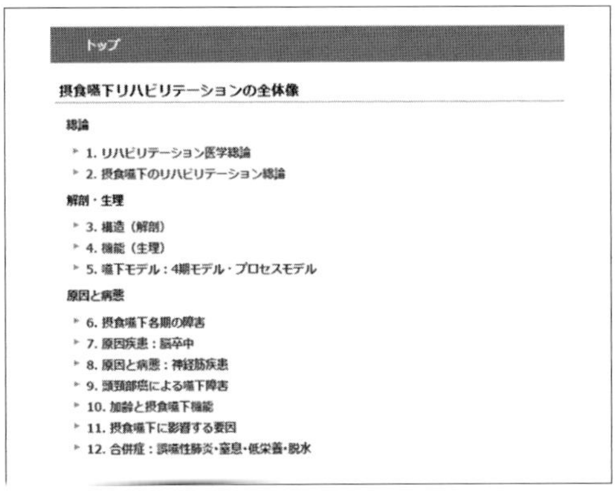

3) 受講するコースをクリックするとスライドショーが始まります.
※すでに受講済みのタイトルには[済]マークが表示されます.
4) 解説が終了すると，確認問題が表示されます．確認問題の次のページに進むと，確認問題の解答が表示されます.
※確認問題は各自で答え合わせをお願いいたします．e-ラーニングの修了に関して，確認問題の成績は問われません.
5) 受講が終了したら必ず，最終ページの「この講座を受講済みにする場合は，こちらをクリックして下さい」をクリックしてください.
※クリックすると「受講済みにしました」と表示されます．この操作を行わずにスライドショー画面を閉じた場合，受講済みとして扱われませんので十分ご注意ください.

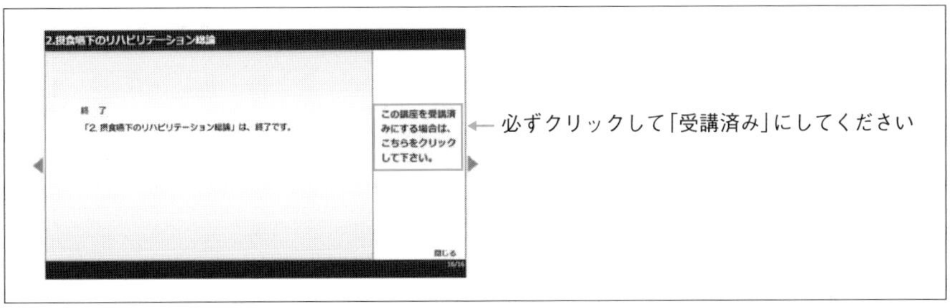

履歴の確認

1) 講座一覧画面のタイトル横に表示される[済]マークをご確認ください.

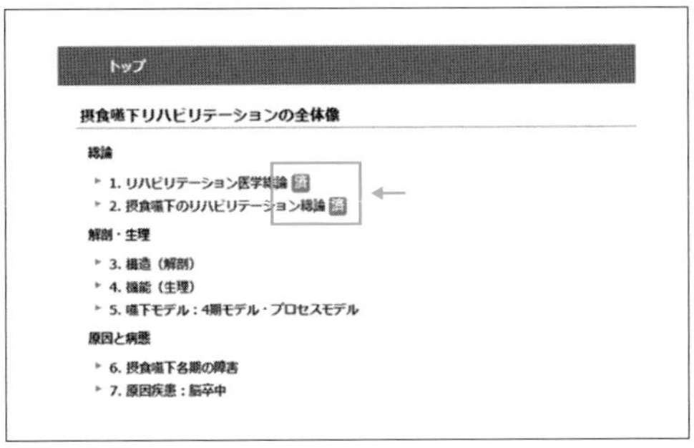

2) 講座一覧画面の下部に全体的な進捗状況を表示しています.

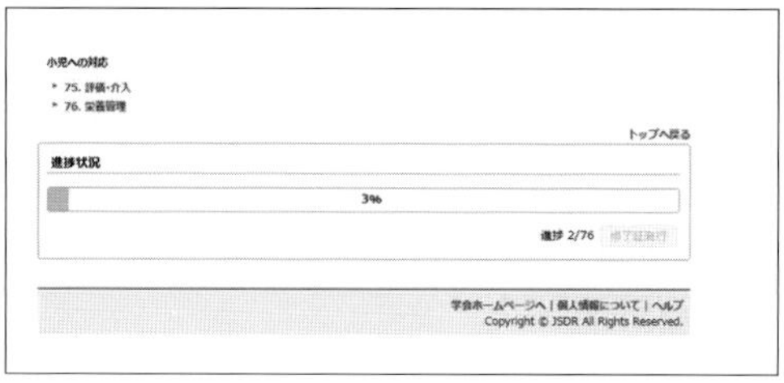

修了証の発行

1) 全ての受講が完了すると，講座一覧画面下「修了証発行」ボタンが有効になります.

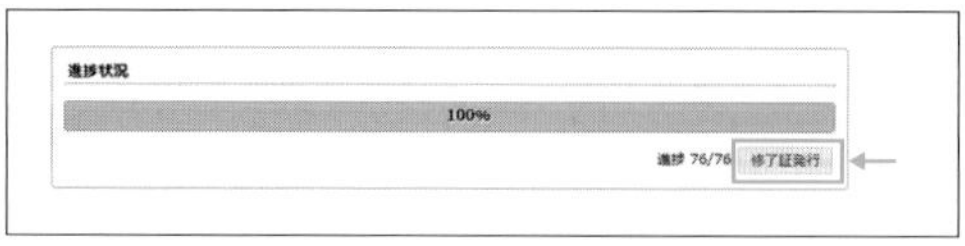

2) 修了証は認定試験申請書に必要です．プリントアウトして大切に保管してください.
ID の有効期間が切れると，印刷できなくなりますのでご注意ください.

§1

総　論

e-learning

1 リハビリテーション医学総論

Lecturer ▶ 才藤栄一
藤田医科大学学長
藤田医科大学医学部リハビリテーション医学Ⅰ講座教授

学習目標 Learning Goals

- リハビリテーション医学の考え方を理解する
- 障害への介入法を理解する
- システムという考え方を理解する
- 活動-機能-構造連関と治療的学習を理解する
- チームアプローチを理解する

1 はじめに

Chapter 1 はじめに →（eラーニング ▸ スライド1, 2）

リハビリテーション医学は，障害や疾患をもちながら生きていく人を支えるための医学である．

長寿社会では，疾病によって生じる生活上の問題，すなわち，障害（disablement）を抱えながら生きる高齢者が増加する．長命は人の幸福の必要条件ではあっても十分条件ではない．人生の最終ステージを快適に尊厳をもって迎えてこそ長生きの甲斐があるといえるだろう．たとえば，摂食嚥下障害のある高齢者に対し，長期間，経鼻経管栄養を用い，自己抜去予防のために拘束するという方法は不適切である．障害への適切な対処が，長命を幸福に結びつける要点になる．

リハビリテーション医学は，医療のなかで障害を扱うほぼ唯一の治療体系であり，長寿社会に必須のインフラストラクチャーである．本項目では，リハビリテーション医学の基本的考え方を解説する（なお，ここでは科学としての医学とその社会的実践である医療は区別せずに，一括してリハビリテーション医学とよぶことにする）．本章では，はじめにリハビリテーション医学の概要に触れ，その特徴である「システムとしての解決」という考え方を紹介し，ついで特有の対応法を解説していく．

2 リハビリテーション医学とは

Chapter 2 リハビリテーションという用語について →（eラーニング ▸ スライド3）

リハビリテーション（rehabilitation）という用語は，「re = again：再び」「habilis = able：できる」からなり，合わせて「to become able again：再びできるようになること」という意味になる．欧米では社会復帰を意味する社会学的用語としても使用されているが，日本ではおもに医学・医療の用語として使用されている．

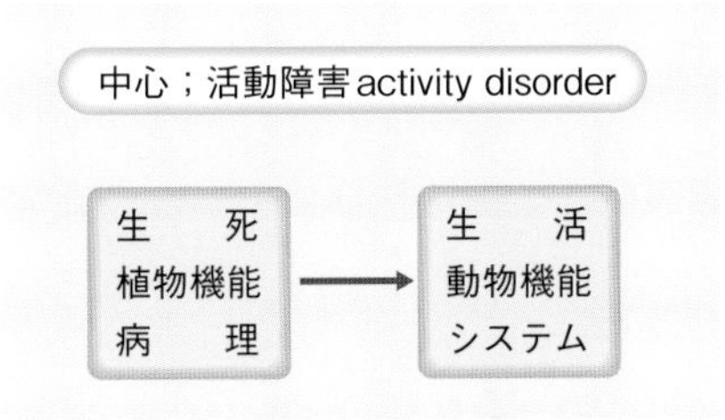

図1　リハビリテーション医学の特徴

表1　リハビリテーション医学の中心領域

活動 activity

運動領域	操作（セルフケア） 移動 摂食・排泄
認知領域	コミュニケーション 社会的認知

ADL（activities of daily living）が基本的領域であり，その問題は介護負担度につながる

Chapter 2の確認事項▶eラーニング スライド3対応

1 リハビリテーション＝再びできるようになること

Chapter 3　リハビリテーション医学の特徴 →（eラーニング▶スライド4）

リハビリテーション医学（rehabilitation medicine）の特徴は，その視点の中心を，救命・生命の維持（生死，恒常性，植物機能）ではなく，活動障害（activity disorder＝障害：disablement）の改善に置いている点にある[1)]（**図1**）．ここで活動（activity）とは，生活をなす行動，行為，動作，運動，認知，判断などの動物機能的事象をさす．さらに，病理的解決にこだわらない「システムとしての解決」という実用的な考え方も特徴である．

Chapter 3の確認事項▶eラーニング スライド4対応

1 リハビリテーション医学の特徴＝活動障害の改善

Chapter 4　リハビリテーション医学の中心領域 →（eラーニング▶スライド5）

活動の中心的領域は五つに分けて捉える．すなわち，三つの運動領域（motor domain）：1）操作，2）移動，3）摂食・排泄，と二つの認知領域（cognitive domain）：4）コミュニケーション，5）判断である（**表1**）．これらの項目に関する評価は，現在，世界的に広く用いられている機能的自立度評価法（FIM：functional independence measure）によってうまく表現されている[2)]．

Chapter 4の確認事項▶eラーニング スライド5対応

1 活動の中心的領域＝三つの運動領域と二つの認知領域

Chapter 5　リハビリテーション医学の対象臓器系と関連科
→（eラーニング▶スライド6）

活動を支える関連臓器系としては，1）神経-筋肉-感覚器系，2）骨-関節-皮膚系，3）心-肺-血管系，4）

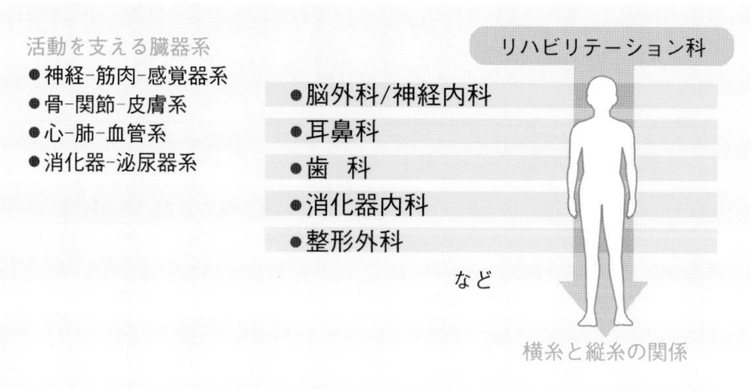

図2 リハビリテーション医学の対象臓器系と関連科

消化器-泌尿器系（摂食-排泄系）が主たるものとなる．臨床においては，これらの臓器系の該当科との連携が重要になる（**図2**）．これら臓器系各科とリハビリテーション科との関係は，織物の横糸と縦糸のように考えたら理解しやすいだろう．加えて，発達や老化の問題も活動に大きな関係を有するため，小児科や老年科とも密接な関連性をもつことになる．

Chapter 5の確認事項▶**eラーニング スライド6対応**

1 医学・医療の横糸と縦糸

Chapter 6 障害の階層 →（eラーニング▶**スライド7**）

活動の問題を生活という視点で眺める際，障害の階層性（hierarchy of disablement）を理解する必要がある．おもな障害階層の分類には，1980年にWHOにより発表された国際障害分類（International Classification of Impairments, Disabilities, and Handicaps；ICIDH）[3]と，その後継分類である国際生活機能分類（International Classification of Functioning, Disability and Health；ICF，2001年）[4]がある．両分類にはそれぞれ一長一短あるが，ここでは，まず，理解しやすいICIDHを紹介する．

ICIDHでは，生活の問題を機能障害（impairment），能力低下（disability），社会的不利（handicap）の3層に分類する（**表2**）．機能障害は臓器レベルの障害であり，たとえば左脳出血患者の場合，右片麻痺がこれにあたる．能力低下は，機能障害の結果生じる個人レベルの障害であり，書字障害，歩行障害，あるいは日常生活活動（activities of daily living；ADL）の障害などが該当する．社会的不利は能力低下の結果生じる社会・環境レベルでの問題で，復職困難や段差環境での移動困難などが該当する．

これら3層間には上記した因果関係が存在する一方，各層間に厳密な1対1の対応関係はなく，それぞれのレベルに介入可能であることを理解しておくことが大切である．たとえば，右片麻痺という機能障害の結果生じる書字障害という能力低下は，麻痺が重篤のまま残っても利き手交換練習によって左手での書字が可能となれば解消される．この各階層それぞれへの独自介入の可能性が，リハビリテーション医学の大きな有用性を生む．

因果関係には逆方向性も存在する．つまり，ADLが低下（能力低下レベルの実行低下）したために筋力低下などの廃用症候群（二次的な機能障害）が発生するといった「能力低下がもたらす機能障害」，あ

表2　障害の階層 disablements (ICIDH，1980)

病態 Pathology ←→	機能障害 Impairment	能力低下 Disability	社会的不利 Handicap
	臓器レベル	個体レベル	社会レベル
例1.　左脳出血	右片麻痺	書字困難	復職困難
例2.　多発性脳梗塞	仮性球麻痺	摂食嚥下障害	在宅復帰困難
ICF 2001	機能と構造	活　動	参　加

るいは，社会参加ができずに家に閉じこもっているために屋外歩行能力が低下するといった「社会的不利が能力低下を増悪させる現象」などがその例である．

Chapter 6の確認事項▶eラ　ニング スライド7対応

1 ICIDHの機能障害・能力低下・社会的不利

2 廃用症候群

▶Chapter 7　International Classification of Functioning, Disability and Health；ICF → (eラーニング▶スライド8)

ICFをICIDHと比べた際，「改訂」というには大き過ぎる違いが存在する．ICFでは，分類用語名(生活機能と障害の構成要素：身体機能・構造，活動・参加)の陰性表現をやめたこと，背景因子(contextual factors)を分離したこと，活動(activity)・参加(participation)の評価において実行状況(performance)と能力(capacity)を分けたこと，などが特徴となる．特に，ICIDHで混乱していた環境などの要素を背景因子として分けたことは適切であった(**図3**)．一方，ICIDHでは，別の階層であった活動(≒能力低下)と参加(≒社会的不利)をほぼ同一構成要素として扱い，その代わりに評価を実行状況と能力との2通りにした点は不完全であった．

Chapter 7の確認事項▶eラーニング スライド8対応

1 ICIDHとICF

3 システムとしての解決

▶Chapter 8　リハビリテーション医学はシステム的解決を目指す

→ (eラーニング▶スライド9対応)

活動障害への対応という特徴は，従来の医療の病理指向的解決法とは異なる視点をもたらした．リハビリテーション医学で特徴的な点は，病態の解決のみならず，障害が残存したなかでも，「システムとしての解決をめざす」というきわめて柔軟で実用的な対応姿勢にある[5)]．

ここでシステムとは，重要な要素が一定数ありかつその要素間に関連性があるような系をさす．つまり，障害を抱えた人を「障害部位のほかに健常な部位を有し，また，人的・物的環境のなかに存在して

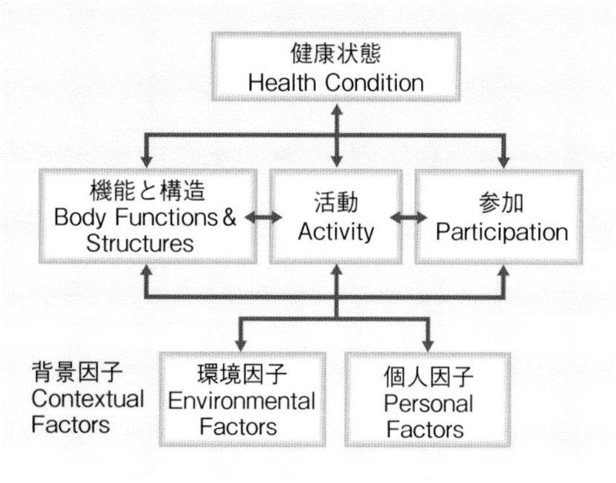

図3　International Classification of Functioning, Disability and Health；ICF（国際生活分類）．WHO 2001

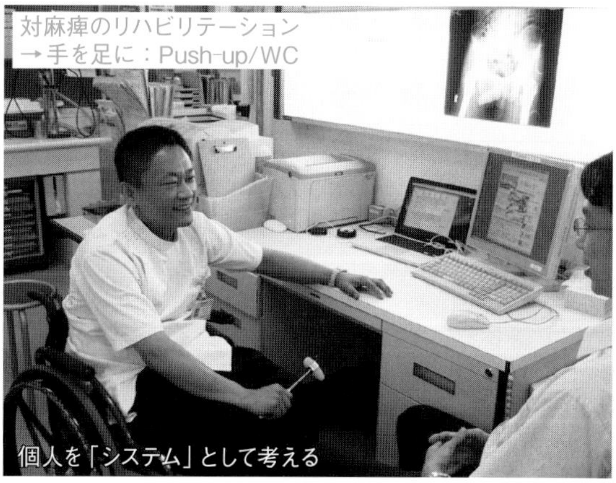

図4　リハ医学はシステム的解決をめざす

いる系（システム）」として捉えるのである．このような捉え方によって，従来の医療によって改善できない病理的状態や機能的問題が残存しても，活動のもつ冗長性（他の方法で代替できること）を利用しながら，個人の健常部分を活用し，道具を使用して，活動を学習し，個人としてあるいは環境を含めた個人の生活としてよりよい状態の実現をめざすことができる．

たとえば，対麻痺のある人のリハビリテーションは，「手を足に」もすること，つまり，従来，足が行っていた歩行や移乗の機能を手にもたらすこと（車いすを漕ぐ，プッシュアップする，など）によって達成される．**図4**は車いすで活躍する対麻痺の医師の診療風景である．

Chapter 8の確認事項▶**eラーニング スライド9対応**

1 システム的解決の意味，考え方

▶Chapter 9　システムとしての解決とは→（eラーニング▶スライド10対応）

システムとしての解決という意味を，まず「草野球の監督」のたとえ話を用いて解説する（**図5**）．

あなたが，ある草野球チームの監督だったとしよう．このチームには下手な遊撃手がいる．彼はショートしかやりたくないと主張している．チームには選手が9人しかいないので，交替はできない．どうすればよいか．もちろん，ここでこの遊撃手を他の有能な選手と置き換えることができればチームは強くなるが，それはできない．では，どうするか．

①まず，遊撃手を特訓で鍛える（機能障害への対応）．しかし，もともと下手な人であまりうまくはならない．

②次の手段として，二塁手と三塁手をショート寄りにシフトさせて守らせる（能力低下への対応；機能障害に適合した活動様式の設定と健常部の利用）．

③そして，大事なことはこのシフトで実際に練習することである．練習によってチームメンバー全員の連携が高まってはじめて，このチームはある程度戦うことができるようになる（能力低下への対応；新活動様式の学習）．

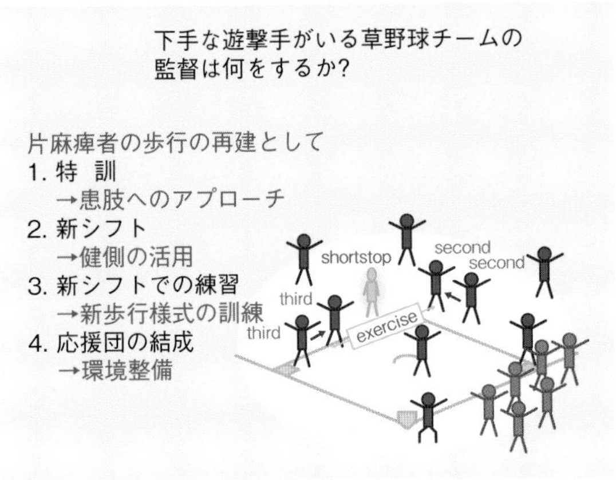

図5　システムとしての解決とは

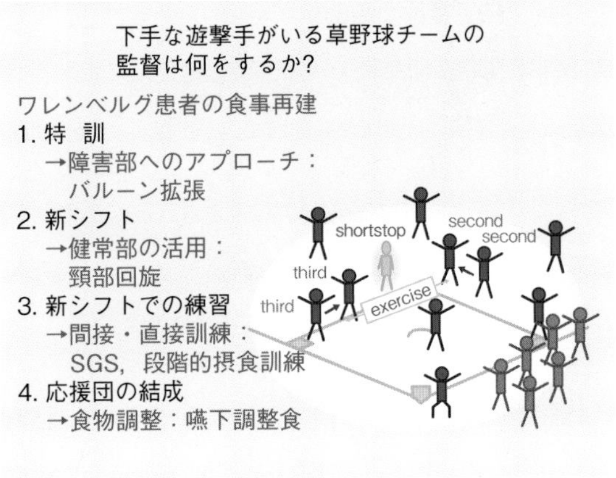

図6　システムとしての解決とは（その2）

④さらに，試合では家族を総動員して応援団を結成し，相手チームにプレッシャーをかける（社会的不利への対応）．

このようにして，チームは抱える問題を乗り切り，勝利を期待できるようになる．

▶Chapter 10　システムとしての解決とは（その2）→（eラーニング▶スライド11）

以上の図式を，実際の臨床に当てはめてみよう（**図6**）．ワレンベルグ患者の摂食嚥下リハビリテーションを考えてみたい．

①障害があって開大しにくい食道入口部をバルーン拡張する（機能障害への対応）．

②また，咽頭の健常部を今まで以上に活用するため，嚥下時に頸部回旋を採用するという新シフトを構築する（能力低下への対応；機能障害にみあった活動様式の設定と健常部の利用）．

③この新しい嚥下様式で実際に間接・直接訓練を行う（能力低下への対応；新活動様式の学習）．

④また，最適な食物物性をみつけ，家族には嚥下調整食のつくり方を覚えてもらう（社会的不利への対応）．

以上のようにして患者は食事摂取できるようになる．これがシステムとしての解決である．もちろん，この過程と並行して原疾患の治療，合併症の予防，病態生理に応じた医学的管理も行う．

Chapter 9, 10の確認事項▶eラーニング スライド10, 11対応

1 摂食嚥下障害のシステム的解決

▶Chapter 11　リハビリテーションチーム→（eラーニング▶スライド12）

リハビリテーション医療では，チームアプローチが基本となる．これは，多面的な対応をするために多様な医療職が必要となったためである．特に，「療法士（therapist）」といわれる職種は，新行動の学習（治療的学習）を担当するコーチとしての役割がことさら重要であるため生まれた．

図7　リハビリテーションチーム

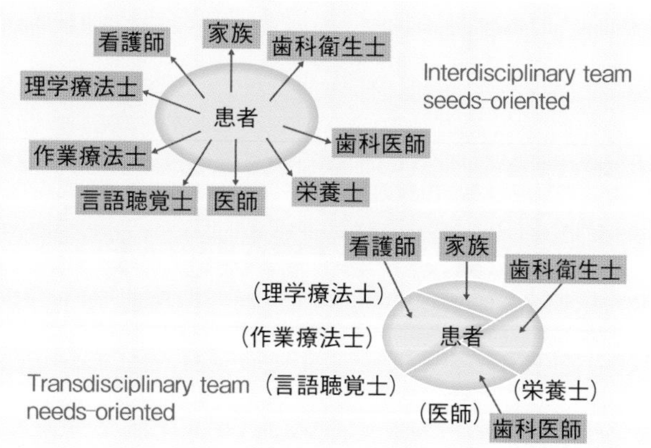

図8　摂食嚥下リハビリテーションチーム

通常のリハビリテーション医療には，リハビリテーション科医(physiatrist)，リハビリ看護師(rehabilitation nurse)，理学療法士(physical therapist)，作業療法士(occupational therapist)，言語聴覚士(speech therapist)，リハビリテーション工学士(rehabilitation engineer)，義肢・装具士(prosthetist & orthotist)，臨床心理士(clinical psychologist)，社会福祉士(social worker)などが関与する．また，摂食嚥下リハビリテーションでは，加えて，歯科医師(dentist)，歯科衛生士(dental hygienist)，栄養士(dietitian)などが参加する(**図7**)．

Chapter 11の確認事項 ▶ **eラーニング スライド12対応**

1 チームと職種

Chapter 12　摂食嚥下リハビリテーションチーム → (eラーニング ▶ スライド13)

次に，チームの形態について触れる[1]．チームの名称(特に和訳語)とその意味するところは使用者によって一定ではないが，ここではまず，multidisciplinary，interdisciplinary，transdisciplinaryという三つを区別する．「discipline」は「専門分野，学科」，「disciplinary」は「専門分野の」という意味をさす．

Multidisciplinary あるいは interdisciplinary teamでは，医療者の個々の役割・機能はある程度決まっている．両者の違いは，前者が個々の医療者間に機能的連絡が少ないのに対し，後者ではしっかりした機能的連絡が存在する点にある．Multidisciplinaryは，総合病院の各科連携のようなものである．一方，より密接な連携と高い効率を要するチームワークは，ただ多職種が存在すればできるというわけではなく，役割の明瞭化，コミュニケーション促進など，その構造・機能維持に十分な配慮が必要な作業形態であるため，リハビリテーションチームでは，通常，メンバー間で事前の役割明瞭化や定期的コミュニケーションを行うinterdisciplinaryという形態をとる．

Transdisciplinary teamは，専門家の役割という点で前二者とはやや異なっている．このチーム形態では患者の必要性がまず存在し，その必要性をそこに存在する医療者で区分し担当する(**図8**は歯科医師，歯科衛生士，看護師，家族で対応する例)．したがって，そのチーム構成の差によって各専門職の実際の役割が変わってくる．たとえば，摂食嚥下障害者に対して言語聴覚士がいないときといるときでは，歯科衛生士や看護師の役割が変わってくる．そのため，各メンバーが各職種独特の核となる知識・技術の範囲を超えて幅広い共通の基本的機能を有する必要がある．

Transdisciplinaryの「医療者が状況に応じてその役割を変化させる」という考え方は，比較的新しい考え方であるが，専門というseed（種）からではなく，障害というneed（必要性）から発想するというリハビリテーション医学の本質に適合している．そして，これは専門性や医療の「限局性」を否定するものではなく，「専門性というカラーを患者の必要性にうまく適合させるための工夫はきわめて重要かつそう簡単ではない課題」という主張を意味する．日本摂食嚥下リハビリテーション学会は，急性期病院から施設や在宅まで広い範囲を視野に入れた摂食嚥下障害者に対する効果的なtransdisciplinary teamworkを実現するためにつくられた学会である．

Chapter 12の確認事項▶eラーニング スライド13対応

1 Transdisciplinary team

4 多面的対応

Chapter 13 はじめに →（eラーニング▶スライド14）

リハビリテーション医学の特徴的な多面的対応法として，A）障害者の医学的管理：障害者に生じやすい医学的問題を包括的に扱う，B）活動–機能–構造連関：活動性の機能，構造との強い関係性を利用する，C）治療的学習：人のもつ大きな学習機能を利用し個人の活動能力を向上させる，D）支援システム：工学的・社会的に環境・道具を用意することで活動障害を克服する，という四つを解説する[5]．

Chapter 14 障害者の医学的管理——生活に必要な臓器系の問題に対処する →（e-ラーニング▶スライド15）

活動障害を有する患者に生じやすい医学的問題に対応が必要である．活動障害をきたす臓器系疾患の一般的管理はもちろん，麻痺・痙縮，拘縮・変形・疼痛，排尿・排便障害，摂食嚥下障害などの医学的管理が含まれる（**表3**）．つまり，障害者の医学的管理を臓器別ではなく障害者個人に対して包括的に提供する医療がリハビリテーション医学である．

たとえば，摂食嚥下障害に対しては，合併症としての脱水・低栄養，誤嚥・窒息に対する医学的管理はもちろん，その病態生理を把握し，摂食嚥下機能を改善し，食事という活動を再建する包括的対応をする（**図9**）．

Chapter 14の確認事項▶eラーニング スライド15対応

1 包括的に対応する医療

表3　障害者の医学的管理

麻痺・痙縮
拘縮・変形・疼痛
排尿・排便障害
摂食嚥下障害

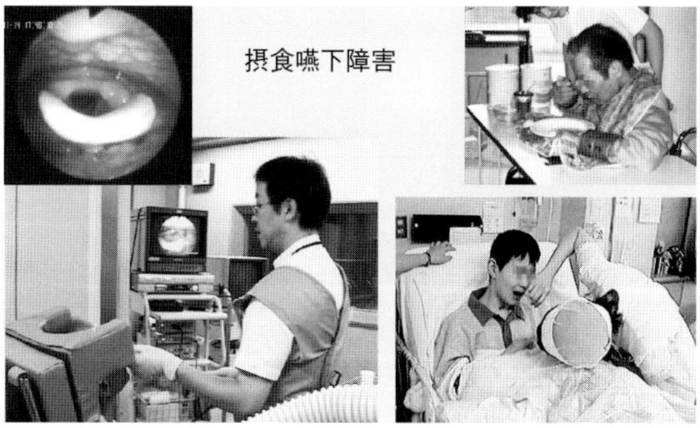

図9　生活機能に関連した医学的問題への対応

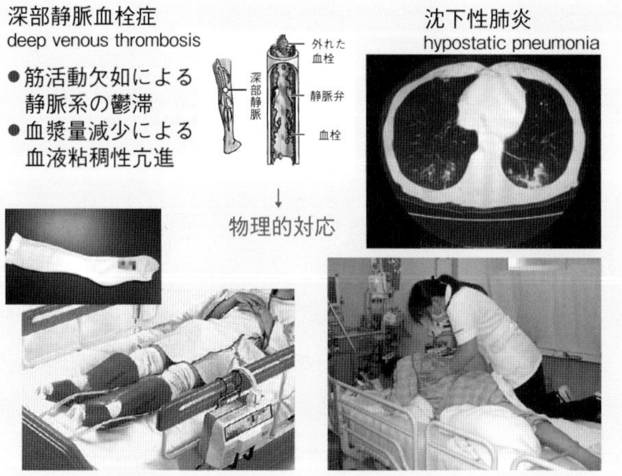

図10　不動（immobilization）

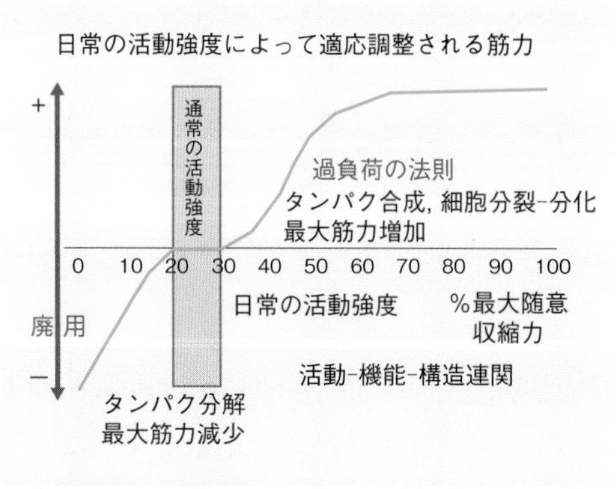

図11　廃用と過負荷

Chapter 15　活動-機能-構造連関 ―― 機能，構造と活動性の強い関係性

1）はじめに →（eラーニング▸スライド16）

「活動性は機能，構造と強い関係性を有する」という原則を，活動-機能-構造連関という．活動性は，ヒトの機能や構造に大きな影響を及ぼす．リハビリテーション医学は，この活動性に注目する．

2）不動 →（eラーニング▸スライド17）

動かないことを不動（immobilization）という．ヒトの身体は動くことを前提に機能しているため，臥床し動かないとそれだけで種々の支障が生じる．手術後の重要な合併症である深部静脈血栓症は，下肢筋活動の欠如による静脈の鬱滞が主因である．沈下性肺炎も仰臥位を続けることで生じる合併症である．急性期からヒトの身体を物理的に動かすことがこの予防として必要となる（**図10**）．

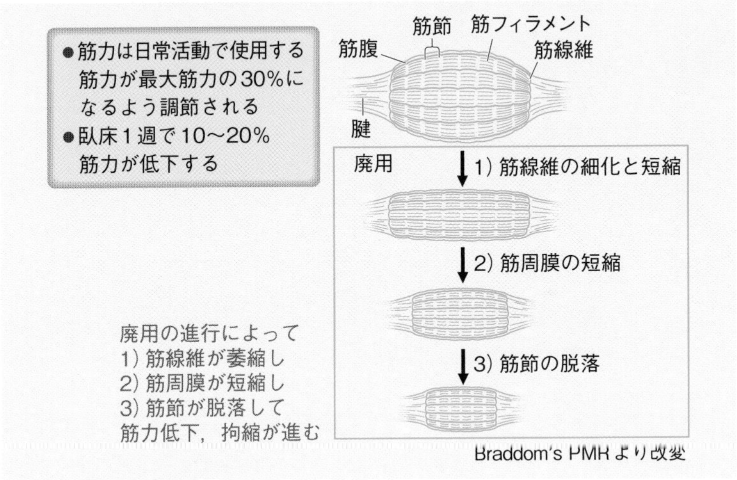

図12　筋萎縮と拘縮の進行

表4　活動に依存して変化する要素
活動-機能-構造連関事象

筋　力
筋持久力
可動域
体力・耐久性
感覚・知覚
協調性　　etc

3）廃用と過負荷 →（eラーニング▶**スライド18**）

活動が足りないために起こる変化を廃用（disuse）という（**図11**）．たとえば，筋力は，個人が日常の活動で使用する平均的筋力の約3～4倍の最大筋力をもつように調節されている．換言すると，日常の活動強度は，最大筋力（最大随意収縮力）の2～3割にあたり，それを超える活動は筋力を増やし，それを下まわる活動状態では筋力が減る．この現象は，筋収縮活動によって誘導される筋線維でのタンパク合成・分解の調整や運動神経での発火閾値の変化により達成，維持されている．したがって，日常の活動を制限すると最大筋力が低下する．これが廃用性筋力低下（disuse muscle weakness）である．一方，通常の活動強度より大きな負荷を与えると筋力は増加する．この原則を過負荷の法則（overload principle）という．たとえば，最大随意収縮力の60%以上の負荷を与えると最大筋力が増加する．筋力増強訓練（muscle strengthening exercise）は，この連関を利用した治療である．

4）筋萎縮と拘縮の進行 →（eラーニング▶**スライド19**）

使わない筋肉では，まず筋線維が萎縮して短縮し，ついで筋周膜が短縮し，最後には筋節が脱落して，筋力が落ち，拘縮を生む．1週の臥床によって10～20%の筋力低下が生じる（**図12**）．

5）活動に依存して変化する要素—活動-機能-構造連関事象 →（eラーニング▶**スライド20**）

活動に依存して変化する要素は，筋力，筋持久力，関節可動域，協調性，体力・耐久性，感覚・知覚など，多くある（**表4**）．

6）不動・廃用症候群 →（eラーニング▶**スライド21**）

安静臥床によって不動や廃用が生じ，原疾病によらずとも多くの動物機能に支障をきたす．これらの二次的合併症が不動・廃用症候群である．筋力低下・筋萎縮をはじめ，多彩な症状がある（**図13**）．

7）廃用の悪循環と予防 →（eラーニング▶**スライド22**）

廃用は悪循環に陥りやすい問題である．また，一度生じた廃用を治療するのには多大な時間を要する．安静は有害であることを十分認識して，安静を必要最小限（量的，時間的，空間的）に留める努力

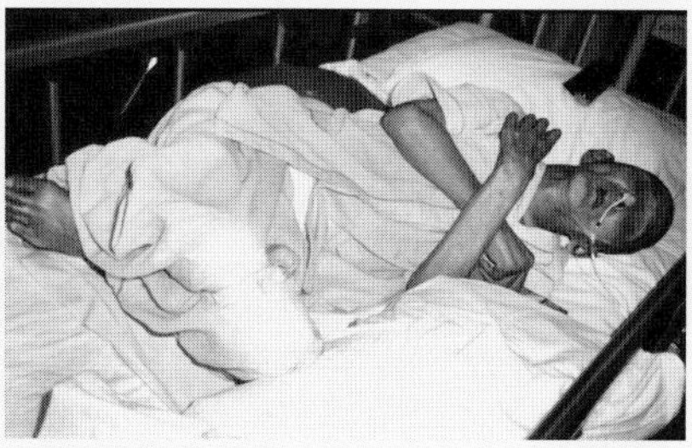

- 筋力低下，筋萎縮
- 関節拘縮，変形
- 骨粗鬆症
- 最大酸素摂取量低下
- 頻脈，起立性低血圧
- 沈下性肺炎
- 深部静脈血栓症
- 尿路系結石
- 褥瘡
- 消化管機能低下
- 皮膚萎縮，嵌入爪
- 耐糖能異常
- 意識低下
- 精神活動性低下

安静は無害ではない

図13　不動・廃用症候群

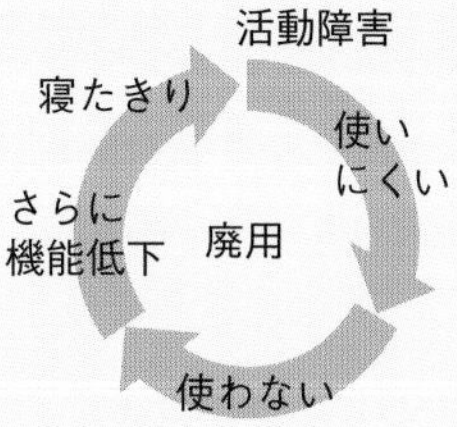

廃用の改善には，発生時間の
2〜3倍の時間を要する

予防が不可欠
- 不要な安静（未使用）を避ける
- 予想安静1週間以上の場合には積極的対策
- 頻回な体位変換，肺理学療法
- 1日2〜3回，各関節全可動域運動
- 早期に座位・起立へ
- 筋力訓練（特に抗重力筋）
- 感覚入力，刺激的な環境を整備

図14　廃用の悪循環と予防

表5　不動・廃用の予防

受動的予防（passive prevention）
●関節可動域訓練（ROM exercise） ●ゆっくりした伸長が原則，15-30秒，数回 ●良肢位保持と体位交換（bed positioning） ●肩，手指，股，膝，足 ●座位励行（sitting position）
能動的予防（active prevention）
●筋力増強（muscle strengthening） ●等尺性最大収縮　5回数秒 ●立位，起立，歩行訓練（standing exercise, etc） ●感覚刺激（sensory stimulation）
嚥下では
禁食なら経管栄養 口腔ケア 間接訓練 呼吸訓練　　など

が大切となる．たとえば，骨折による「局所の安静」の必要性は「全身の安静」と明確に区別されなければならない（**図14**）．

8）不動・廃用の予防 →（eラーニング▶**スライド23**）

不動・廃用の予防には，体位変換，良肢位選択，下肢圧迫，可動域訓練，などの受動的予防と筋力増強訓練や座位，起立，歩行訓練など患者自身に筋活動を行わせる能動的予防がある（**表5**）．

摂食嚥下障害患者についてみれば，経管栄養などにより摂食活動がなくなると，咀嚼・嚥下運動回数が減少し，その結果，廃用として，口腔衛生の劣化，口腔・咽頭筋の筋力低下，食道入口部の開大不良（特に仮性球麻痺者）などが生じる．

Chapter 15の確認事項▶**eラーニング スライド16〜23対応**

1 廃用症候群と活動-機能-構造連関

2 廃用の予防

表6　新しいスキルの例

義足歩行
片麻痺歩行
車いす駆動
片手動作 ADL
利き手交換
自己導尿
メンデルソーン手技
吊り上げ術後嚥下

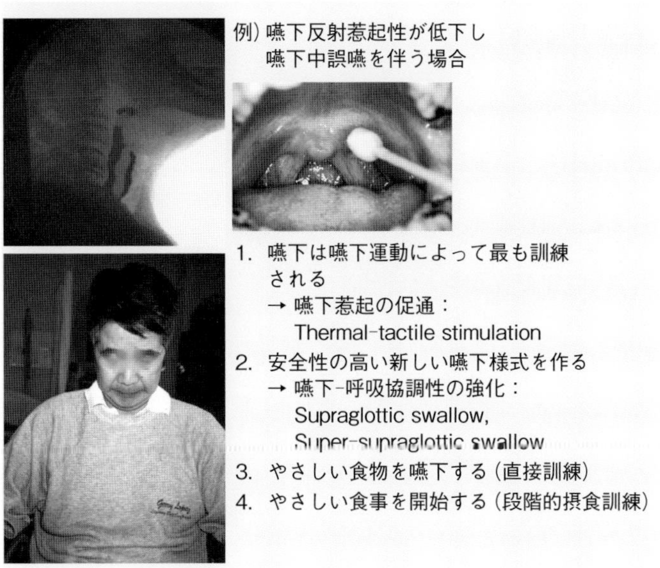

図15　摂食嚥下障害患者の訓練の考え方

▶Chapter 16　治療的学習――新行動を学ぶ

1）はじめに →（eラーニング▶**スライド24**）

リハビリテーション医学の最大の特徴は，学習を治療に用いる点にある．治療的学習は，訓練（練習）という過程を通して個人の能力を直接変えて，能力低下を改善する．

2）治療的学習（運動学習）→（eラーニング▶**スライド25**）

対麻痺者が装具を用いて歩くことができるようになるのは，テニスやピアノを練習しうまくなるのと同じメカニズムである．

3）運動学習とは →（eラーニング▶**スライド26**）

治療的学習には，認知学習（cognitive learning）も含まれるが，ここでは単純化のため，おもに運動学習（motor learning）について説明する．獲得される行動単位は，その行動が目的をもっていて，いくつかの運動から構成されており「スキル（skill）」とよばれる．スキルはもともと備わっている行動ではなく，学習されて生まれる能力である．スキルを獲得することによって，ヒトはいろいろなことを行うことが可能になる．

4）新しいスキルの例 →（eラーニング▶**スライド27**）

リハビリテーション場面での新スキルは，数多くある．**表6**に，代表的なスキルをあげた．ポイントは，これらのスキルが障害に適したスキルであり，「正常なスキル」ではないということである．摂食嚥下リハビリテーションにおける各種嚥下手技も，新スキルの例である．

5）摂食嚥下障害患者の訓練の考え方 →（eラーニング▶**スライド28**）

治療的学習を理解するために，「嚥下反射惹起性が低下し嚥下中誤嚥を伴う患者への訓練」を例に解説する（**図15**）．訓練は，障害をもちながらも安全性の高い食事ができること（目標課題）を目標に行う．

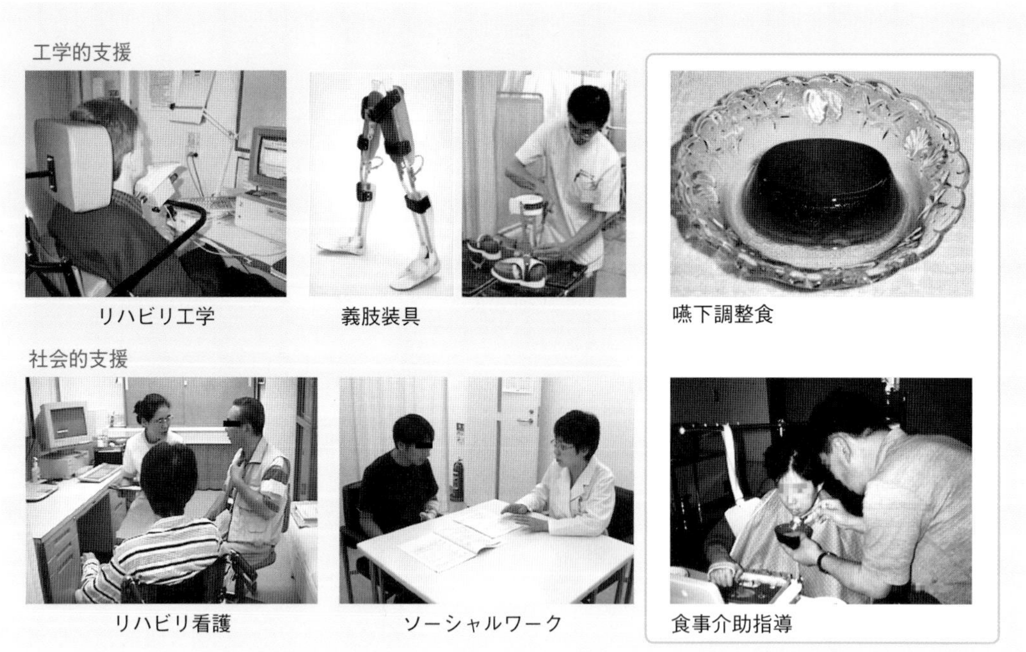

図16　工学的支援と社会的支援

そのためにまず,「嚥下というスキルは嚥下運動によって最も訓練される」という転移性(練習が目標課題の達成につながること)の課題特異性の原則に従って，ともかく嚥下運動を発生させることを考える．ただし，反射惹起性が低下している患者であるから，そのままでは困難である．そこで，嚥下惹起を促通するために，thermal tactile stimulation(TTS)を利用する．TTSが反射惹起を促通することは，多くの研究によって証明されている．

そして，TTSによって惹起された嚥下運動を利用して，患者の病態に適した新しい嚥下法を身につけてもらう．ここでは，supraglottic swallow(SGS)を例に説明する．SGSは，大きく吸気して保持し，嚥下し，その直後に咳をするという手法である．吸気位を保持することで胸腔内を陽圧にし気道への食物侵入を防ぎ，さらに嚥下後すぐに咳をすることで喉頭内に侵入しているかもしれない食物を排除し，誤嚥の危険性を減らす．通常の嚥下の際にも気道への食物侵入を予防する嚥下時無呼吸というメカニズムが存在するが，SGSはこの協調性を強調したものといえる．つまり，患者にとっては多少不格好ではあるけれど，より安全性の高い新しい嚥下であるSGSをマスターしてもらう．そして，訓練を繰り返してある程度SGSを身につけたら，今度は実際の食物を使った段階的摂食訓練のなかで用いる．こうしてだんだんと目標課題へ近づいていく．実際の食物を用いれば嚥下惹起は起こりやすくなるので，SGSは不要になるかもしれない．

Chapter 16の確認事項 ▶ eラーニング スライド24～28対応

1 スキルと治療的学習
2 嚥下訓練と治療的学習

Chapter 17 支援システム —— 支援システムを活用する

→ (eラーニング ▶ スライド29, 30)

システムとしての解決をはかるリハビリテーション医学では，道具や環境も味方にする．

支援システムには二つの柱がある．一つは工学的支援，もう一つは社会的支援である(**図16**)．

ヒトは道具を使う動物だ．日常生活のなかで使う道具は2万個もある．治療的学習によって克服できない問題に対しても，道具，つまり支援工学的手法によって対処することができる．義肢，装具，車いす，座位保持装置，杖・歩行器，自助具，環境制御装置，機能的電気刺激法などがそれである．義肢・装具は，臨床において広く使用されている補助装置である．また，バリアフリー環境の整備も重要となる．そのほか，感覚系に対する眼鏡やバイオフィードバック法，認知系に対する記憶ノートなどmental bracingとよばれる手段もある．

摂食嚥下障害に対するpalatal augmentation prosthesis (PAP) などの歯科的装置はもちろん，間欠的経管法，嚥下調整食という手法も支援工学といってよい．家族や介助者などとの関係性調整や社会制度の利用促進も重要な環境調整の手段として，支援システムのもう一つの柱をなす．

Chapter 17の確認事項 ▶ eラーニング スライド29, 30対応

1 摂食嚥下障害への道具の応用・環境調整

Chapter 18 まとめ → (eラーニング ▶ スライド31)

リハビリテーション医学は，障害や疾患をもちながら生きていく人を支えるための医学である．

リハビリテーション医学は，活動障害を扱う治療体系でシステム的解決をめざす．

特徴的な四つの対応法として，A) 障害者の医学的管理，B) 活動-機能-構造連関，C) 治療的学習，D) 支援システムがある．ユニークで普遍的なリハビリテーション医学を理解することで，摂食嚥下リハビリテーションの真価をより発揮できるだろう．

文 献

1) 才藤栄一：リハビリテーション医学総論．摂食・嚥下リハビリテーション，第2版，才藤栄一，向井美惠監修，医歯薬出版，東京，pp.2-12，2007.

2) 千野直一 監訳：FIM；医学的リハビリテーションのための統一的データセット利用の手引き．医学書センター，東京，1991.

3) World Health Organization：International Classification of Impairments, Disabilities, and Handicaps. WHO, Genova, 1980.

4) 厚生労働省：国際生活機能分類—国際障害分類改訂版—(日本語版) の厚生労働省ホームページ掲載について．http://www.mhlw.go.jp/houdou/2002/08/h0805-1.html

5) 才藤栄一：リハビリテーション医学・医療エッセンス．FITプログラム—統合的高密度リハビリ病棟の実現に向けて，才藤栄一，園田 茂編集，医学書院，東京，pp.73-85，2003.

6) Schmidt RA, Wrisberg CA：Motor Learning and Performance. 4th edition, Human Kinetics, Champaign, IL, 2008.

2 摂食嚥下のリハビリテーション総論

Lecturer ▶ 椿原彰夫
川崎医療福祉大学学長

学習目標 *Learning Goals*

- 摂食嚥下とその障害の概念が理解できる
- 摂食嚥下障害の治療目的がわかる
- 急性期・回復期・生活期の流れが把握できる
- 摂食嚥下障害のチーム医療の重要性がわかる

▶ Chapter 1　摂食，嚥下，摂食嚥下障害とは何か？ → (eラーニング ▶ スライド 2)

「摂食」とは食べる過程のすべてをいい，口のなかに食物を取り込んで（捕食），噛み砕き（咀嚼），飲み込んで胃のなかへ送り込む（嚥下）という一連の動作を意味している．このうち，「嚥下（えんげ）」とは，食物をゴクンと飲み込む反射とそれに引き続く食道の蠕動（ゼンドウ）運動とからなる．日本摂食嚥下リハビリテーション学会では平成26年4月から食べる過程の全般を「摂食嚥下」（ナカマル省略）という用語に統一することとなった．咀嚼や嚥下などの食べる機能の障害は「摂食嚥下障害」と命名されるが，「摂食障害」とよばれることはない．それは精神疾患である拒食症や過食症のことが摂食障害と定義されているからである．「摂食嚥下障害」は簡略化して「嚥下障害」ともよばれているが，「嚥下」の機能のみが障害されているものを嚥下障害とよぶのではないことに注意してほしい．捕食や咀嚼の障害がある患者も含んでいる．英語では「dysphagia」とよばれる．

▷ Chapter 1の確認事項 ▶ eラーニング スライド2対応

1. 「摂食，嚥下」と摂食嚥下障害の定義について理解する．

▶ Chapter 2　摂食嚥下障害と「正常」との境界は存在するのか？ → (eラーニング ▶ スライド 3)

健康な人でも高齢になるに従い，飲食に際してむせることがある．しかし，生活にまったく支障のないこのような人々を，「摂食嚥下障害」と診断するようなことはない．健常者に対して嚥下造影を行った研究では，50歳未満の3人に1人，50歳以上の3人に2人で，瞬間的に造影剤入りの液状食品が喉頭前庭のなかに侵入する所見が認められるとの報告がある（**図1**）．したがって，摂食嚥下障害と「正常」との境界は決して明らかなものではなく，連続的な状態であるといえる．

臨床的には，摂食嚥下障害が存在する，しないの2群に分類することが重要なのではなく，障害の程度を考慮して治療の必要性を検討し，障害に合わせた治療方法を選択することが重要となる．疫学研究等において，摂食嚥下障害の有無を識別する必要性がある場合には，その定義を明らかにすべきである．一般的に，重症度分類を用いることによって，生活上において問題となる摂食嚥下障害を区分する手法が採られている．

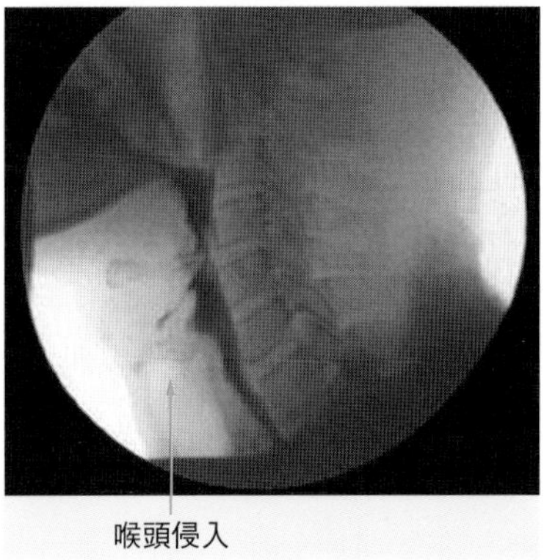

図1　健常者でみられる喉頭侵入

Chapter 2の確認事項▶eラーニング スライド3対応

1 摂食嚥下障害と「正常」の境界を考える.

2 摂食嚥下障害患者に対応する際に重要となるのは，どのようなことかを理解する.

Chapter 3　摂食嚥下障害の治療目的 → (eラーニング▶スライド4)

摂食嚥下リハビリテーションの目的は，障害によって生活に支障をきたしている人々に対して，摂食の喜びを再び与えることにある．まったく摂食できない人に対しては少しでも食べられるように，少ししか摂食できない人には摂食可能な量が増えるように，むせて困る人や誤嚥性肺炎を併発する人には安心して摂食できる方法を与えられるように検討する過程が重要である．摂食嚥下障害を完治させることが，この治療の目的ではない．

すなわち，治療によって「治った」「治らなかった」と2群分けするものではない．ましてや，食事を全量摂取できなかったからといって，「摂食不可能な障害者」と決めつけることは誤った言動である．たとえ胃瘻造設術を受けた重度の摂食嚥下障害患者であっても，摂食の能力が残されていることを理解し，治療的アプローチを与えるべきである．胃瘻造設術を受けると摂食を禁止すべきと誤解している患者も少なくないので，注意を要する．逆に，摂食嚥下障害患者には，誤嚥という危険性が存在することも忘れてはならない．適切な評価に基づいて安全に摂食できる方法を選択することが不可欠で，生命の危険性を可能な限り回避することは医療者の責任である．

Chapter 3の確認事項▶eラーニング スライド4対応

1 摂食嚥下障害の治療目的を理解する.

Chapter 4　急性期からのリハビリテーション(図2)
→ (eラーニング▶スライド5)

摂食嚥下リハビリテーションは，通常の肢体不自由者に対するリハビリテーションと同様，疾患や外傷の急性期から開始される．早く開始するほど廃用症候群の予防が可能となり，回復期の期間が短縮で

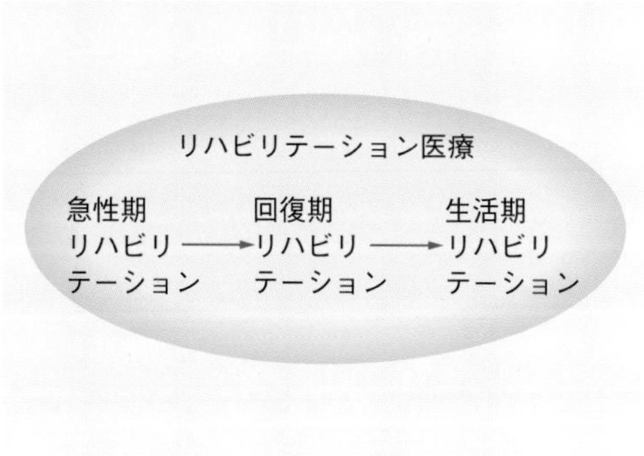

図2　急性期からのリハビリテーション医療提供体系

きる．急性期リハビリテーションの内容は，1) 頻回の口腔ケアと長期間に及ぶ経鼻胃管の不用意な留置の回避によって誤嚥性肺炎を予防すること，2) 早期評価によって摂食可能か不可能か，安全に摂食可能な食品は何か，を決定すること，3) 間接訓練によって摂食嚥下関連器官の廃用を予防すること，4) 早期離床を促進して全身耐久性の低下を予防すること，5) 誤嚥防止の体位を検討すること，などである．

Chapter 4の確認事項▶**eラーニング スライド5対応**

1 急性期における摂食嚥下リハビリテーションの内容を理解する．

▶Chapter 5　回復期における摂食嚥下リハビリテーションの体系（図3）

→（eラーニング▶**スライド6**）

回復期における摂食嚥下リハビリテーションは，口腔ケアや全身耐久性を改善すること，栄養状態や水バランスを整えることなどの基本的な項目を含んでいる．食物の摂取を行う直接訓練のみが摂食嚥下リハビリテーションではなく，機能評価や間接訓練を含む包括的治療である．

Chapter 5の確認事項▶**eラーニング スライド6対応**

1 回復期における摂食嚥下リハビリテーションの内容を理解する．

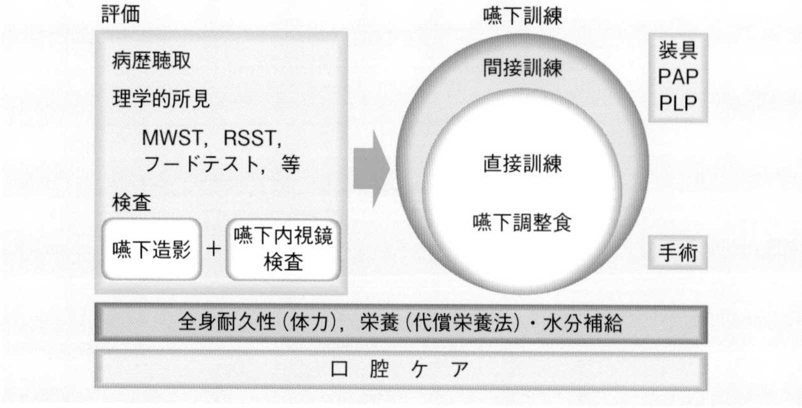

図3　リハビリテーション戦略

Chapter 6　直接的嚥下訓練（直接訓練）のみが摂食嚥下リハビリテーションではない → (eラーニング▶スライド7)

摂食嚥下リハビリテーションは，「嚥下調整食をすぐに食べさせること」であると勘違いされやすいが，実際には多くの過程から成り立っている．口腔ケアを行ったり全身耐久性を改善すること，栄養状態や水バランスを整えることは，摂食嚥下リハビリテーションの過程において必要不可欠な重要事項である．摂食嚥下訓練を開始するにあたっては，摂食嚥下機能の詳細な評価を行うことが重要で，それに基づいて訓練の方法や安全な食品の選別が行われる．安全が確認されるまでは食品を用いない間接訓練とし，食品の選別や姿勢の調整によって摂食可能と判断されれば，段階的嚥下調整食を用いて直接訓練を開始する．

Chapter 6の確認事項▶eラーニング スライド7対応

1 摂食嚥下訓練を開始するにあたって重要なことは何かを理解する．

Chapter 7　摂食嚥下リハビリテーションにはチーム医療が重要！ → (eラーニング▶スライド8)

摂食嚥下リハビリテーションを円滑に遂行するには，多職種の参加が重要である．多職種による医療を multidisciplinary approach という．また，種々の職種が独自に治療を進めるのではなく，カンファレンスなどを通じて情報交換を密に行い，一定の方針に沿ってリハビリテーションを遂行する．すなわち，チーム医療の形態が不可欠である．職種間の連携を推進する医療を interdisciplinary approach という．各職種の役割をあらかじめ決めておくことは重要であるが，摂食嚥下リハビリテーションにおいては，各職種の役割に明確な境界線を引くことが容易ではない．そこで，職種間の境界領域を互いに補い合うことが重要となる．職種間の補完によってより効果的な治療を推進する医療を transdisciplinary approach という．

Chapter 7の確認事項▶eラーニング スライド8対応

1 摂食嚥下リハビリテーションチームの三つの形態を理解する．

Chapter 8　回復期における摂食嚥下リハビリテーションの戦略（図4） → (eラーニング▶スライド9)

回復期における摂食嚥下リハビリテーションの第一として，医師・歯科医師は診察によって問題点を把握し，問題点ごとに各職種に指示を行う．さらに，医師・歯科医師は検査を行い，各職種もそれぞれに評価を行う．その結果を踏まえてカンファレンスを開催し，障害のメカニズムを考え，機能的ゴールの予測を立て，治療方針・内容を決定する．摂食嚥下訓練，身体的訓練，口腔ケア，段階的嚥下調整食の選択など，実際の治療が進行したところで何度か再評価を行い，適宜カンファレンスを繰り返す．その後，退院後の在宅生活指導を行い，ゴールとする．通常，医師・歯科医師がリーダーとなるが，治療はチーム医療として行うことが好ましい．

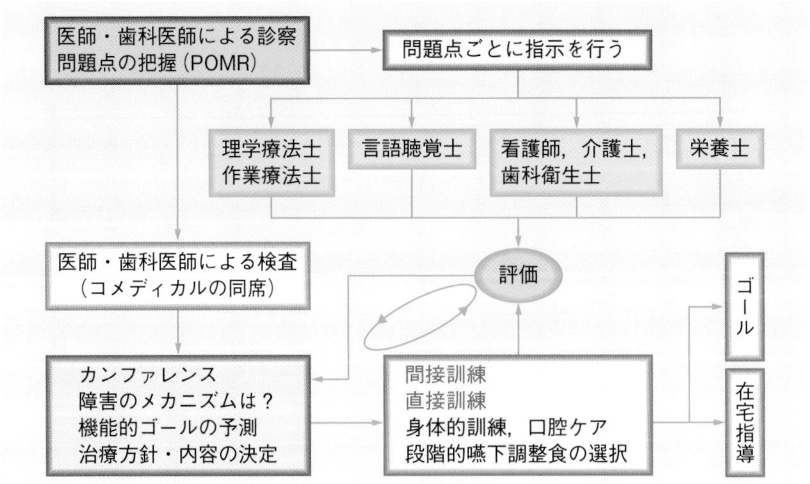

図4　回復期リハビリテーション

Chapter 8の確認事項▶eラーニング スライド9対応

1 回復期における摂食嚥下リハビリテーションの流れを理解する．

▶Chapter 9　摂食機能療法の効果に関する多施設共同研究[3]

→（eラーニング▶**スライド10, 11**）

日本摂食嚥下リハビリテーション学会によって，摂食機能療法の効果に関する多施設共同研究が行われた．摂食嚥下障害を認める脳血管障害患者を対象として，摂食機能療法を行った患者（介入群）と行っていない患者（非介入群）の変化について比較した．機能障害レベルの評価である臨床的重症度分類（才藤ら）を使用したところ（**図5**），介入群では治療開始前に比較して治療終了時に点数の著明な改善が認められた．しかし，非介入群では3か月間の身体的リハビリテーションの前後に統計的有意な変化は認められなかった．

また，能力障害レベルの評価である摂食状況レベル（藤島ら）を使用した場合も同様で，介入群では治療開始前に比較して治療終了時に点数の著明な改善が認められた（**図6**）．しかし，非介入群では3か月間の身体的リハビリテーションの前後に統計的有意な変化は認められなかった．以上の結果から，摂食機能療法は脳血管障害患者の摂食嚥下障害の治療として有効であると考えられる．この研究は，EBMの観点からエビデンスレベルはⅡaに相当する．

▶Chapter 10　生活期にある患者の状態は常に一定ではない！

→（eラーニング▶**スライド12**）

回復期を終え生活期にある患者の摂食嚥下機能は，決して常に一定ではない．生き甲斐のある生活や摂食への意欲，体力の向上などによって，摂食嚥下機能が改善する可能性は少なくない．逆に，摂食量・

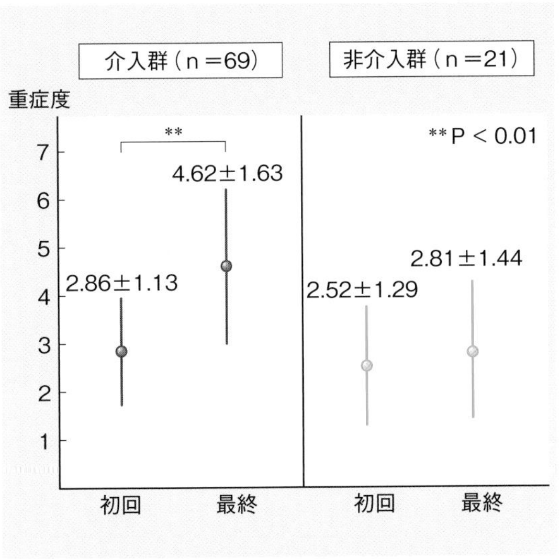

図5　調査前後の臨床的重症度分類の比較（年齢補正後）
（椿原，才藤，藤島ほか，2007. [3]）

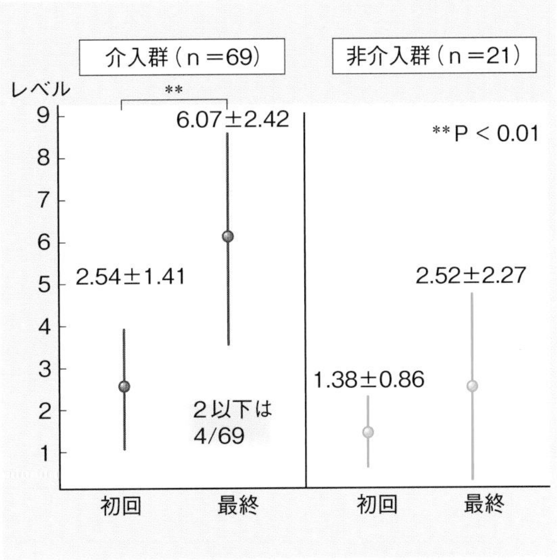

図6　調査前後の摂食状況レベルの比較（年齢補正後）
（椿原，才藤，藤島ほか，2007. [3]）

飲水量の低下に伴う脱水症や低栄養状態，低ナトリウム血症の発症，体力の低下，睡眠薬の多量服用，睡眠不足などによって，摂食嚥下機能が悪化する危険性が高い．在宅生活においても，かかりつけの医師や歯科医師，訪問看護師，歯科衛生士などによる症状の観察と生活指導が重要となる．介護保険制度を有効に利用し，体力や生き甲斐を低下させないように予防するとともに，定期的な口腔ケアのチェックを受けることが重要な鍵となる．

Chapter 10の確認事項▶eラーニング スライド12対応

1 生活期における摂食嚥下障害対応のポイントを理解する．

文　献

1) 馬場　尊，才藤栄一：摂食・嚥下障害の診断と評価．日獨医報，46：17-25, 2001.
2) Daggett A, Logemann J, Rademaker A, Pauloski B：Laryngeal penetration during deglutition in normal subjects of various ages. Dysphagia, 21 (4)：270-274, 2006.
3) 椿原彰夫，才藤栄一，藤島一郎，他：摂食機能療法の効果に関する研究．日摂食嚥下リハ会誌，11 (3)：403-405, 2007.

§2

解剖・生理

e-learning

3 構造（解剖）

Lecturer▶ 依田光正
昭和大学医学部
リハビリテーション医学講座准教授

学習目標 *Learning Goals*

- 摂食嚥下に関与する器官のしくみを理解する
- 摂食嚥下に関与する構造の名称を知る

Chapter 1　摂食嚥下に関係する器官の位置関係（図1）→（eラーニング▶スライド1, 2）

摂食嚥下リハビリテーションを学び，実際に行ううえで必要な構造（解剖）を解説する．

食物は口腔に取り込まれたのちに，咽頭，そして食道へと送り込まれる．咽頭は空気の通り道でもあり，鼻腔・喉頭ともつながっている．嚥下の際には，この連絡路が閉ざされ，食物は入り込めない．口腔は上下の口唇からなる口裂で始まり，口蓋帆，口蓋舌弓・口蓋咽頭弓，舌根部によって狭くなっている部位（口峡）で咽頭と隔てられる．咽頭は頭蓋底から第6頸椎の高さまで続く，骨格筋に囲まれた腔である．上方から上咽頭（咽頭鼻部，鼻咽頭），中咽頭（咽頭口部，口咽頭），下咽頭（咽頭喉頭部，喉頭咽頭）に分けられる．上咽頭と中咽頭は軟口蓋が挙上した高さで，中咽頭と下咽頭は喉頭蓋の高さで区切られる．喉頭は咽頭に開いた気道の入り口であり，第4～6頸椎の高さで下咽頭の前方に位置する．喉頭は軟骨に囲まれた臓器であり，常に内腔を有する．後方に位置する食道の壁は筋層からなり，食道は通常はつぶれた状態にある．

Chapter 1の確認事項▶eラーニング スライド1, 2対応

1 嚥下関連諸器官の位置関係を理解する．

Chapter 2　口　腔（図2）→（eラーニング▶スライド3）

口腔は，前方は口唇，側方は頬，上部は口蓋，下方は舌・舌下部からなる口腔底に囲まれる．口蓋の前方は中核に骨があり，硬口蓋とよばれる．後方は軟口蓋とよばれ，中核に口蓋筋があり，嚥下時に後上方へ挙上して鼻咽腔とのつながりを閉鎖する．歯列は「噛み切る」ための前歯（切歯・犬歯）と「すりつぶす」ための臼歯（大臼歯・小臼歯）からなる．成人では上顎下顎とも中央から側方に向けて，1番：中切歯，2番：側切歯，3番：犬歯，4番：第一小臼歯，5番：第二小臼歯，6番：第一大臼歯，7番：第二大臼歯，8番：第三大臼歯と並び，上下左右で合計32本となる．犬歯は動物では門歯とよばれることが多く，第三大臼歯は智歯ともよばれ，いわゆる「親知らず」のことである（乳歯は乳中切歯，乳側切歯，乳犬歯，第一乳臼歯，第二乳臼歯の20本であるが，顎の成長に伴い6歳頃から12歳頃にかけて「乳歯」から「永久歯」へ生えかわる）（Chapter 3 参照）．この歯列と，頬・口唇との間の溝を口腔前庭，歯列より後方の広いスペースを固有口腔という．咽頭との境は口峡とよばれ，上壁は軟口蓋の後部である口蓋帆（中央部は下方に突出し口蓋垂とよばれる），側壁は口蓋帆から外下方に向かう口蓋舌弓および口蓋咽頭弓よりなる．

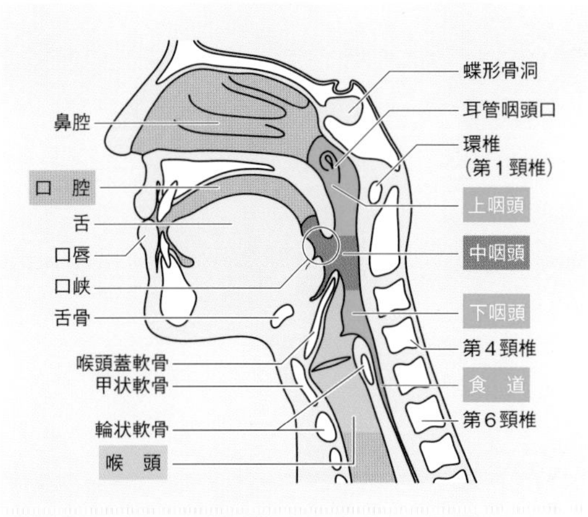

図1　摂食嚥下関係諸器官の位置関係

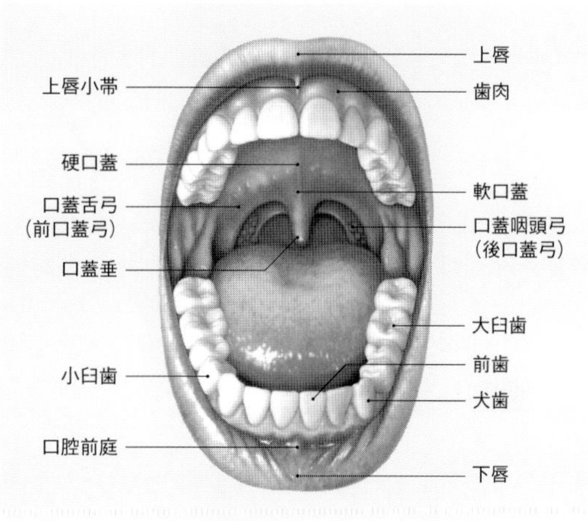

図2　口腔の構造

▷ Chapter 2の確認事項▶eラーニング スライド3対応

1 口腔の解剖学的特性を理解する．

▶Chapter 3　歯（図3）→（文責；下堂薗　恵，eラーニング▶「4．機能（生理）」スライド5）

大きい固形物は上下の切歯や犬歯で噛み切り，捕食する．歯列弓は四つの歯の群から構成される．上下の歯列弓相互の噛み合わさった状態を咬合という．臼歯は「押しつぶし」や「すりつぶし」の機能を担う．歯と歯槽骨の間には歯根膜があり，圧受容器として働く．歯が脱落すると咬合圧がかからないため歯槽骨は吸収され，口腔の形態が崩れ咀嚼効率は低下する．

▷ Chapter 3の確認事項▶eラーニング「4．機能（生理）」スライド5対応

1 切歯，犬歯，臼歯の役割を理解する．
2 歯根膜，歯槽骨と咀嚼の関係を理解する．

▶Chapter 4　舌→（eラーニング▶スライド4）

舌は前方の舌体と後ろ1/3の舌根に分けられ，舌根は口腔底に付着する．舌の先端部を舌尖，上面を舌背という．舌体と舌根はV字形の舌分界溝によって区分される．分界溝が後方に角をつくるところに舌盲孔という陥凹がある．舌の粘膜には粘膜の小隆起である舌乳頭が発達している．糸状乳頭，茸状乳頭，葉状乳頭，有郭乳頭の4種の舌乳頭があり，糸状乳頭以外には味覚の受容器である味蕾が存在する．味蕾は軟口蓋，口蓋垂，咽頭にも分布するが大部分は舌乳頭にある．前方2/3の味覚は顔面神経，感覚は三叉神経，後方1/3は味覚・知覚ともに舌咽神経，喉頭蓋・咽頭部における味覚・知覚は迷走神経が支配する．舌の運動は舌下神経に支配される．

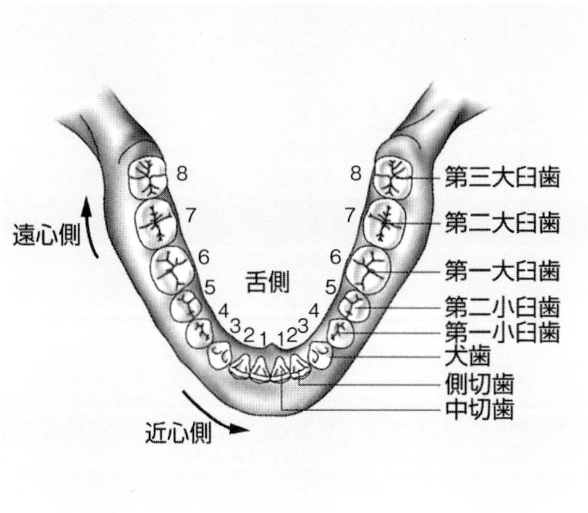

歯

機能：食物の摂取，切断，咀嚼

番号	名称	機能	本数
1，2	切歯：	噛み切る	2本
3	犬歯：	引き裂きと保持	1本
4，5	小臼歯：	噛み砕き，押しつぶし	2本
6〜8	大臼歯：	すりつぶし （第三大臼歯（智歯）の有無による）	2（3）本

7（8）本×4（左右および上顎と下顎）＝28〜32本

図3　歯列（下顎の場合）

Chapter 4の確認事項▶eラーニング スライド4対応

1 舌の解剖学的特性を理解する．

2 舌の嚥下時の働きを理解する．

▶Chapter 5　舌筋群 →（eラーニング▶スライド5）

舌の内部は筋が発達しており，舌の外部の骨から起こって舌に終わる筋を外舌筋（オトガイ舌筋・舌骨舌筋・茎突舌筋・口蓋舌筋）といい，舌の大きな運動にかかわる．舌のなかから起こり舌のなかに終わる筋を内舌筋（上縦舌筋・下縦舌筋・横舌筋・垂直舌筋）といい，舌の形状を変化させる働きをもつ．外舌筋・内舌筋のほとんどは舌下神経に支配されるが，口蓋舌筋は迷走神経・舌咽神経からなる咽頭神経叢に支配される．

Chapter 5の確認事項▶eラーニング スライド5対応

1 舌筋群の働きと，その神経支配を理解する．

▶Chapter 6　咀嚼筋群 →（eラーニング▶スライド6）

咀嚼に関与する筋は，咬筋，側頭筋，内側翼突筋，外側翼突筋の4種類がある．咬筋は頬骨弓から起こり下顎角外面に停止し，下顎骨を挙上させ，歯を噛み合わせる働きがある．側頭筋は側頭部の側頭窩から起こり下顎枝の前方部分の筋突起に停止し，下顎を挙上するとともに後方へ引く働きがある．内側翼突筋は蝶形骨の翼突起から下方に走行し，下顎角内面に付着する．下顎の挙上に働く．外側翼突筋は蝶形骨の大翼と翼状突起から後方へ走行し，下顎骨関節突起の前面に付着する．片側が働けば下顎は反対側へ移動し，両側が働けば下顎は前方に移動する．

咀嚼筋群はすべて下顎神経（三叉神経第三枝）の支配を受ける．

Chapter 6の確認事項▶eラーニング スライド6対応

1 咀嚼筋の種類を理解する.
2 それぞれの咀嚼筋の働きを理解する.

Chapter 7 唾液腺 →（eラーニング▶スライド7）

唾液は口腔内を湿潤させ，食物と混合することで咀嚼を助け，抗菌作用・消化作用もあり，摂食嚥下に大きくかかわっている．唾液腺には，大唾液腺である耳下腺・顎下腺・舌下腺と，小唾液腺である口唇腺・頬腺・口蓋腺・臼歯腺・舌腺などがある．大唾液腺は分泌細胞から太い導管系を介して分泌され，小唾液腺は粘膜下に分泌細胞があり，多数の細い導管を介して分泌される．耳下腺は最大の唾液腺で耳前下方に位置し，導管である耳下腺管は5～6cmあり，上顎第二大臼歯の対岸にある耳下腺乳頭から口腔前庭に開く．顎下腺は顎舌骨筋の下方で下顎と顎二腹筋に挟まれる形で位置しており，顎下腺管は舌下小丘に開く．舌下腺は口腔底粘膜の下，顎舌骨筋の上方にあり，大舌下腺管は顎下腺管と合して舌下小丘に開き，そのほかに多数の小舌下腺管が舌下ヒダに沿って開いている．唾液には，でんぷんの消化酵素であるアミラーゼを多く含む漿液性唾液と，粘膜の表面をなめらかにする粘液多糖類や糖タンパクを多く含む粘液性唾液がある．耳下腺は漿液性唾液を分泌し，副交感神経である舌咽神経（小錐体神経）が分泌に関与する．顎下腺・舌下腺は漿液と粘液の混合性唾液を分泌し，副交感神経である顔面神経（鼓索神経）によって分泌が促進される．

Chapter 7の確認事項▶eラーニング スライド7対応

1 唾液の働きを理解する.
2 唾液腺の種類と開口部の位置関係を理解する.

Chapter 8 咽　頭 →（eラーニング▶スライド8）

上咽頭の前方は鼻腔に開き，中咽頭は口腔につながっている．上咽頭には咽頭と鼓室をつなぐ耳管の開口部（耳管咽頭口）がある．下咽頭は前方で甲状軟骨に付着し，咽頭壁は喉頭の両外側に回り込む形となり，そこに梨状陥凹（梨状窩）とよばれる深い凹みを生じている．嚥下の際に喉頭を前方からふたをする役割をもつ喉頭蓋と舌根部にできる楔状の隙間を喉頭蓋谷という．

Chapter 8の確認事項▶eラーニング スライド8対応

1 咽頭の位置関係，解剖学的特性を理解する.

Chapter 9 咽頭の筋群 →（eラーニング▶スライド9）

咽頭の側方・後方は，筋層に囲まれている．咽頭の側壁・後壁は，上・中・下の咽頭収縮筋からなる．上咽頭収縮筋は蝶形骨翼状突起，軟口蓋，舌根，下顎骨から起こり，中咽頭収縮筋は舌骨の大角・小角，下咽頭収縮筋は喉頭の甲状軟骨，輪状軟骨から起こり，いずれも咽頭後壁正中線の咽頭縫線に付着している．上咽頭収縮筋の下部の線維は舌根部に付着し，舌咽頭筋ともよばれ，嚥下の際に舌骨が後方に引かれると同時に咽頭後壁が舌根の高さで前方に隆起するのはこの筋の働きとされる．下咽頭収縮筋下部の筋線維は輪状軟骨後外側から対側の後外側まで走行し，輪状咽頭筋として区別されることもある．輪状咽頭筋は通常は収縮し吸気が食道に入らないようにしているが，食物が通過する際には弛緩する．上食道括約筋，咽頭食道収縮筋ともよばれる．咽頭の筋群の神経支配は，茎突咽頭筋は舌咽神経であり，そのほかは迷走神経支配である．

Chapter 9の確認事項▶eラーニング スライド9対応

1 各咽頭筋の位置と働きを理解する．

▶Chapter 10 咽頭筋内層と口蓋の筋群 →（eラーニング▶スライド10）

咽頭の内層には耳管咽頭筋，茎突咽頭筋，口蓋咽頭筋が縦に走っており，嚥下時に咽頭・喉頭を引き上げる．耳管咽頭筋・口蓋咽頭筋は舌咽神経・迷走神経からなる咽頭神経叢，茎突咽頭筋は舌咽神経の支配を受ける．口蓋咽頭筋は口蓋舌筋とともに軟口蓋を引き下げる働きがある．口蓋帆張筋と口蓋帆挙筋が口蓋帆を緊張・挙上させ，口蓋垂筋が口蓋垂を短縮させることで鼻咽腔閉鎖が行われる．口蓋帆張筋は下顎神経（三叉神経），口蓋帆挙筋・口蓋垂筋は咽頭神経叢の支配を受ける．

Chapter 10の確認事項▶eラーニング スライド10対応

1 咽頭の内層筋の位置と，その働きを理解する．

▶Chapter 11 喉　頭 →（eラーニング▶スライド11, 12）

喉頭は，気管の上端に位置する長さ約5cmの管状器官である．消化管に開いた空気の取り込み口で，発声器としての役割ももつほか，嚥下の際には食物が気道へ流入するのを防ぐ．内腔は喉頭腔であり，6種類の喉頭軟骨が互いに関節・靱帯によって結合され壁をつくり，これに多くの喉頭筋がついている．喉頭の入り口を喉頭口といい，咽頭下部の前壁にある．喉頭の最上部に位置するのが喉頭蓋である．喉頭最上部の前壁と甲状軟骨後面から起こり，甲状喉頭蓋靱帯で連結され，上方に伸びている．喉頭蓋の前面は舌面といい，後面を咽頭面という．喉頭蓋軟骨からできており，喉頭蓋前面の下1/3は舌根の後方となり舌骨喉頭靱帯で舌骨とつながっている．

喉頭蓋と舌根の間にできる楔状のスペースを喉頭蓋谷という．喉頭蓋の側縁から披裂軟骨の上端へ披裂喉頭蓋ヒダが走り，左右のヒダで喉頭口を挟む．披裂喉頭蓋ヒダの後部には楔状軟骨からなる楔状結節，小角軟骨からなる小角結節が左右対となり，両側の小角結節の間は披裂間切痕とよばれる．披裂喉頭蓋ヒダの下端は室靱帯や筋がヒダとなり仮声帯（室ヒダ，前庭ヒダ）とよばれ，声帯の上外側を併走する．喉頭口から仮声帯までの漏斗状の空間を喉頭前庭という．声帯は声帯筋と甲状披裂筋からなり，仮声帯の下を並行して前後に走っており，前方は甲状切痕から，後方は披裂軟骨の声帯突起に付着する．両側の声帯の間を声門裂といい，声帯と声門裂を合わせて声門という．仮声帯と声帯の間の隙間を喉頭室という．声帯から下方は声門下腔とよばれ気管腔に続く．声帯の運動は迷走神経の枝の反回神

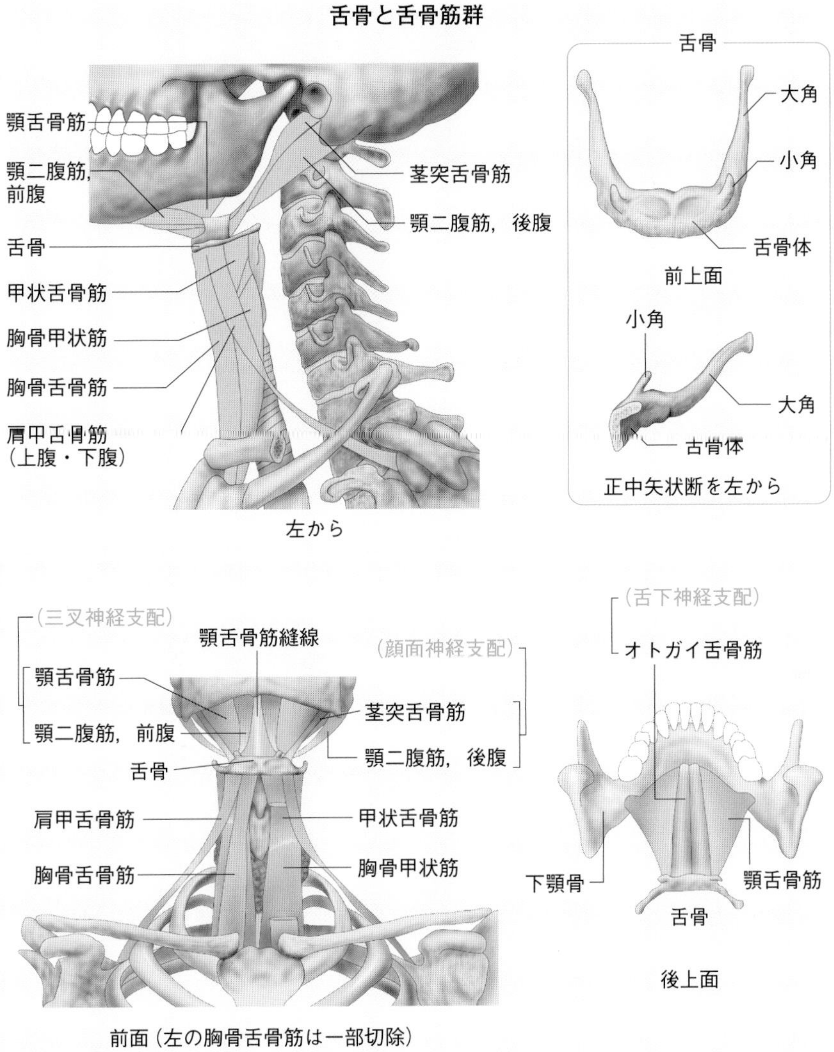

図4　舌骨と舌骨筋群

経に支配される.

Chapter 11の確認事項 ▶ eラーニング スライド11, 12対応

1 喉頭の構造を理解する.

Chapter 12　舌　骨 → (eラーニング ▶ スライド13)

舌骨は，下顎と咽頭の間に存在するU字形をした骨である(**図4上**). 舌骨は他の骨との関節構造をもたず，前方は顎二腹筋前腹・顎舌骨筋・オトガイ舌骨筋で下顎に，後方は顎二腹筋後腹・茎突舌骨筋で側頭骨の後外側壁(乳様突起，茎状突起)に付着し，前後からハンモック状に吊り下げられている形となっている. 下方は甲状舌骨筋・甲状舌骨靱帯によって喉頭とつながっており，舌骨が前上方に挙上すると喉頭も前上方に挙上する. 舌骨筋は舌骨より上方に位置する舌骨上筋群(顎二腹筋，茎突舌筋，

顎舌骨筋，オトガイ舌骨筋)，下方に位置する舌骨下筋群(胸骨舌骨筋，肩甲舌骨筋，胸骨甲状筋，甲状舌骨筋)に分けられる．

Chapter 12の確認事項▶eラーニング スライド13対応

1 舌骨と舌骨筋群の解剖学的特性を理解する．

▶Chapter 13 舌骨筋群 →（eラーニング▶スライド14）

顎二腹筋の前腹は下顎骨前部後面から，後腹は側頭骨乳様突起内側から起こり，線維性の滑車を伴う中間腱を介して舌骨体に停止する．下顎が固定されていれば舌骨の挙上に働き，舌骨が固定されていれば下顎を引き下げる開口筋として働く．顎舌骨筋は下顎骨体内面から起こり，前方部は正中で顎舌骨筋縫線を形成し，後方部は舌骨体前面に停止する．下顎を下方へ引き下げるとともに，嚥下の際には口腔底と舌を引き上げる働きがある．茎突舌骨筋は側頭骨の茎状突起から起こり，舌骨大角の基部に停止する．舌骨を後上方へ引く働きがある．オトガイ舌骨筋は下顎正中部後面にあるオトガイ棘から起こり，顎舌骨筋の上を左右並んで走り，舌骨体の前面に付着する．下顎が固定されていれば舌骨を前方に引き，舌骨が固定されていれば下顎を引き下げる開口筋として働く．顎二腹筋前腹・顎舌骨筋は下顎神経(三叉神経)，顎二腹筋後腹・茎突舌骨筋は顔面神経，オトガイ舌骨筋は舌下神経の支配を受ける．

Chapter 13の確認事項▶eラーニング スライド14対応

1 舌骨上筋群の種類と働きを理解する．

▶Chapter 14 食 道 →（eラーニング▶スライド15）

食道の上端は喉頭の輪状軟骨の下縁で始まり，横隔膜の食道裂孔を通り，腹腔に入ったのちに胃に連なる．食道起始部から胸骨上縁までを頸部食道，胸骨上縁から横隔膜貫通部までを胸部食道，横隔膜貫通部から食道胃接合部までを腹部食道という．第一狭窄部(食道起始部)，第二狭窄部(気管分岐部)，第三狭窄部(横隔膜貫通部)の3か所に生理的狭窄部位をもつ．第一狭窄部は食道の上端で第6頸椎の高さにあり，切歯からおよそ15cm，第二狭窄部は気管分岐部の高さで第4～第5胸椎の高さにあり，切歯から25cm，第三狭窄部は横隔膜の食道裂孔を通過する所で第11胸椎の高さにあり，切歯から約40cmのところに位置する．食道に分布する神経は交感神経と迷走神経であり，交感神経は血管運動性に，迷走神経は筋の運動性や腺分泌に関与する．筋層は内輪走筋と外縦走筋からなり，食物は筋層の蠕動運動によって運ばれる．

Chapter 14の確認事項▶eラーニング スライド15対応

1 食道の解剖学的特性を理解する．

2 食道各部の働きと神経支配を理解する．

4 機能(生理)

Lecturer ▶ 下堂薗　恵
鹿児島大学大学院医歯学総合研究科
リハビリテーション医学分野教授

学習目標 Learning Goals

- 摂食嚥下に関与する臓器や器官の機能について理解する
- 摂食嚥下に関与する中枢神経や末梢神経，筋肉の機能について理解する

Chapter 1 摂食嚥下運動の過程(時相)：5期モデル → (eラーニング▶スライド1, 2)

摂食嚥下には随意運動と反射運動が複雑に組み合わせられ，多くの臓器や器官が機能している．本章では摂食嚥下の機能(生理)について概説する．

摂食行動とは，「食物をとる」行動を広くさす．摂食嚥下の5期モデル[1] (**図1**) は，摂食嚥下の全体像を概念的にとらえやすい．他章で詳述されるように，準備期から口腔期にかけては食物の形態，すなわち「液体を飲む」のか(液体嚥下)，「固形物を食べる」のか(咀嚼嚥下)によって相(咀嚼嚥下)と期(運動生理学的事象)は異なることが明らかとなってきている[2]．

Chapter 1の確認事項 ▶ eラーニング スライド1, 2対応

1 摂食嚥下運動の概要を理解する．

Chapter 2 先行期(図2)――摂食行動の誘因(刺激)と発現 → (eラーニング▶スライド3)

先行期とは，何をどのように食べるかを判断し，食物を口まで適切に運ぶ時期である．摂食場面において，嚥下の開始前に(あるいは並行して)脳内では多数の情報が階層的に並行処理されている．食物が視覚情報として後頭葉に入ると，側頭葉では「何？」という形態視系が処理され，記憶と照合し認識され，嗜好も加味されることになる．同時にテーブルや皿の「どこにある？」という空間情報，フォークなどの道具を「どう使う？」という情報は頭頂葉で処理される．一方，体内の血糖やホルモン等の情報は視床下部の摂食中枢を刺激して本能たる食欲を形成し，「食べよう」という意思を強化する．これらの情報は前頭前野で統合され，「食べる順番」や「手を伸ばす方向」「道具の使用」「どのくらい開口してどの程度の力で咀嚼する」などの運動プログラムが形成され，運動野から脳幹や脊髄へ伝達される．また，これらを「効率よく実行」するには覚醒，すなわち意識があること，さらに「食行動」や「食べる対象や道具」に対して「注意」を空間的にも時間的にも持続，配分，選択，制御できるかが重要である．以上のように先行期には脳内の多くの領域が動員されている．また，直接的に摂食嚥下にかかわる器官以外にも視覚，聴覚，嗅覚などの感覚器や上肢および体幹などの運動機能も摂食行動には重要である．

時相	器官の働き
1. 先行期	何をどのように食べるか判断して口まで適切に運ぶ.
2. 準備期	食物を口から取り込み咀嚼して食塊を形成する.
3. 口腔期	食塊を口腔から咽頭に送り込む.
4. 咽頭期	食塊を咽頭から食道に送り込む. 嚥下反射.
5. 食道期	食塊を食道から胃に送り込む. 蠕動運動.

期：器官の動き，　相：食塊の動き

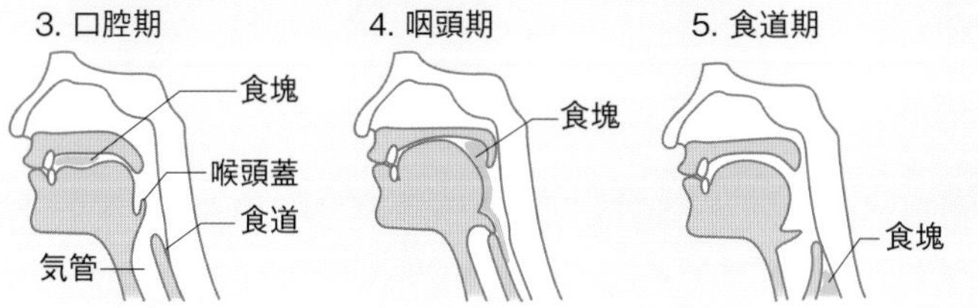

図1　摂食嚥下運動の5期モデル

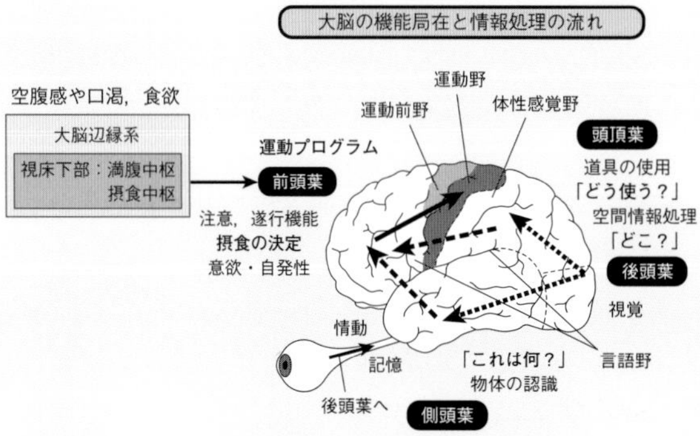

・そのほかに嗅覚，聴覚などの感覚情報処理も行われている.
・摂食が始まってからも常に摂食行動は味覚や歯ごたえ，のどごしなどがモニタリングされ，修正される.

図2　先行期——摂食行動の誘因（刺激）と行動発現

Chapter 2の確認事項▶eラーニング スライド3対応

1. 先行期とは何かを理解する.
2. 認知，捕食の神経支配を理解する.

Chapter 3　口唇の運動——口唇によるとり込み →（eラーニング▶スライド4）

（口腔）準備期では食物をとり込み（捕食），噛み砕かれて唾液と混ぜられた食物（食塊）を形成する．捕食には口唇と歯が重要で，口唇と顎の開閉により行われるが，その方法は食物の形態や食器の種類によって異なる．口唇の運動は表情筋によって行われ，咀嚼中にも食物が口からこぼれないように働き，頬筋は食物が口腔前庭に落ちないよう保持する（**図3**）.

Chapter 3の確認事項▶eラーニング スライド4対応

1. 準備期における口唇の働きを理解する.

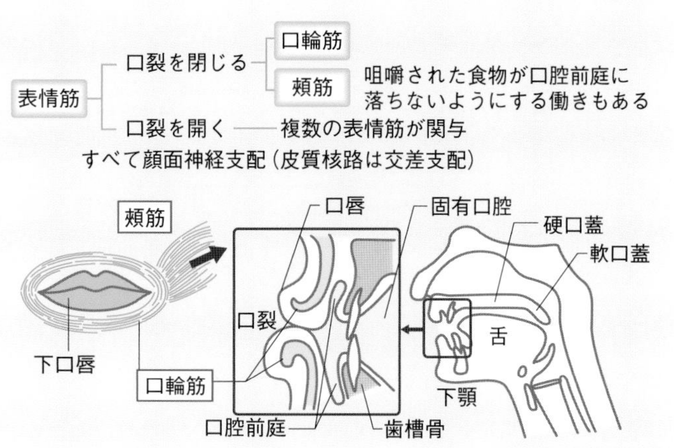

図3　口唇によるとり込み——口唇の運動

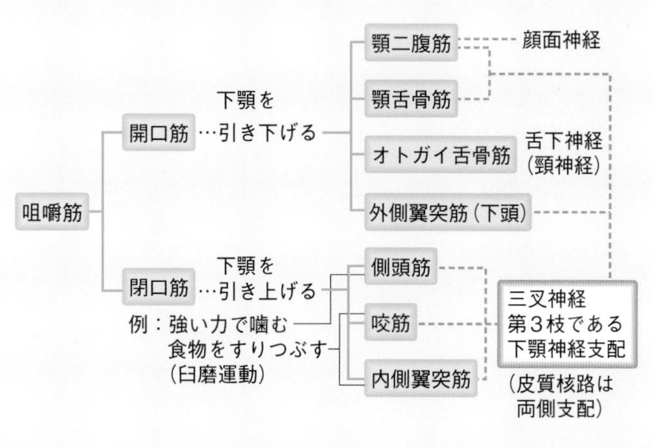

図4　顎運動——開口と閉口

外側翼突筋は咀嚼運動に対して重要な役割を果たすが，その機能特性は十分に明らかにされていない．本テキストでは，「外側翼突筋（下頭）」として開口筋に含めた．

Chapter 4　顎運動——開口と閉口，咀嚼運動 →（eラーニング▶スライド6）

下顎の顎運動による開口と閉口によって上下歯列が接近し，食物は圧縮，粉砕される．下顎は閉口とともに側方へも動き，食物をすりつぶす運動（臼磨運動）を行っている（**図4**）．咀嚼筋はおもに三叉神経支配である．当初，大脳皮質からの司令によって随意的に開始されたあと，脳幹の咀嚼中枢にあるリズム発生器からの信号により周期的な自動運動となる[3)]．咀嚼には咀嚼筋だけでなく，舌や頬，口唇など多くの器官の協調が必要である．

Chapter 4の確認事項▶**eラーニング スライド6対応**

1 咀嚼時の顎運動を理解する．

Chapter 5　唾液の生理 →（eラーニング▶スライド7）

唾液分泌は自律神経によって反射性に調整され，唾液腺への交感神経刺激では少量の粘液性唾液が，また副交感神経刺激では大量の漿液性唾液が分泌される．交感神経と副交感神経との拮抗支配はなく，

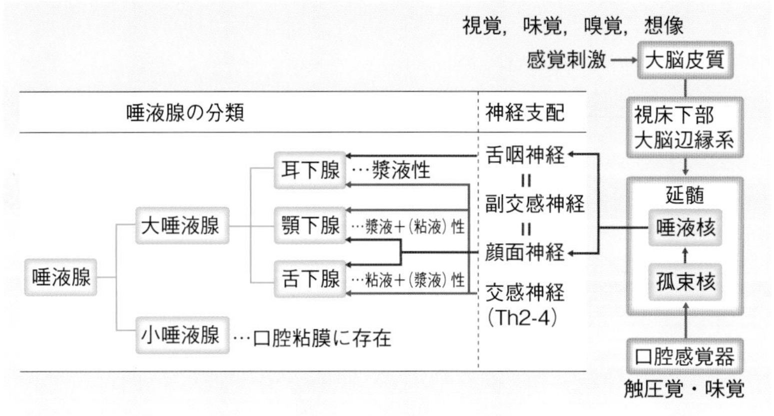

図5　唾液の生理
唾液は1日あたり1～1.5L分泌される．
pH 5.5～8.0の範囲で変動する．
99%は水分．残りが電解質と有機質．

表1　唾液の作用

1. 咀嚼および嚥下の補助：食塊の形成や移送に必要である．
2. 洗浄および抗菌：食物残渣の貯留や細菌増殖を防止する．
3. 溶解：食物中の味質を溶解させ味蕾に到達し，味覚が発現する．
4. 緩衝：酸やアルカリの中和，高温や低温の食物温度の調整をする．
5. 消化：アミラーゼによりでんぷんを分解するがその作用は弱い．
6. その他：歯や粘膜の保護，水分代謝，排泄，構音時の円滑など．

ともに促進作用がある．口腔や食道，胃の粘膜への刺激ならびに味覚，嗅覚，その他条件反射によっても分泌は亢進し，脳幹の下位中枢と大脳の上位中枢により調整される[4]（**図5**）．唾液は咀嚼や嚥下の補助のほか，洗浄や味覚の発現，消化と多くの働きをもつ（**表1**）．

Chapter 5の確認事項 ▶ eラーニング スライド7対応

1. 唾液分泌の神経支配を理解する．
2. 唾液の役割を理解する．

▶Chapter 6　舌運動 → （次章「5　嚥下モデル」参照）

▶Chapter 7　舌の感覚情報伝達 → （eラーニング ▶ スライド9）

舌の感覚機能には，体性感覚（触覚と圧覚，温度覚，痛覚，さらに深部覚として位置覚，運動覚）と味覚がある．部位により求心性神経支配は異なり，前方2/3において体性感覚は舌神経（三叉神経）が，味覚は鼓索神経（顔面神経）が支配している．一方，後方1/3はともに舌咽神経の支配である．味覚は味蕾にある化学受容細胞が塩味，酸味，甘味，苦味の4基本味質を検出する．これらの感覚情報は脳幹，視床，大脳皮質に伝達され嚥下運動を調整する（**図6**）．

Chapter 7の確認事項 ▶ eラーニング スライド9対応

1. 舌の感覚機能を理解する．
2. 舌の神経支配を理解する．
3. 味覚の感知と感覚情報の，嚥下運動に対する関係を理解する．

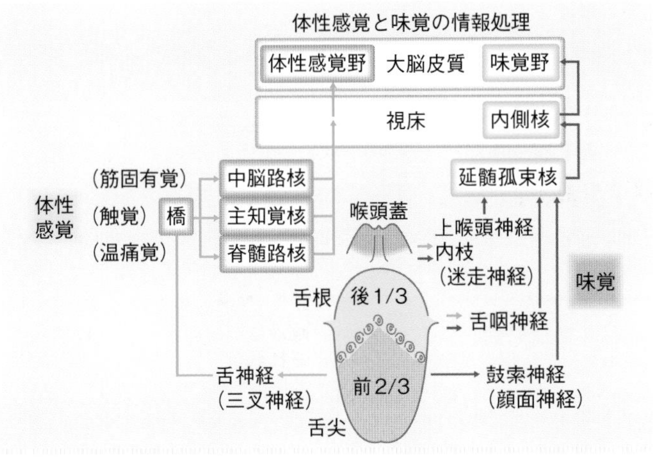

図6　舌の感覚情報伝達

表2　嚥下運動：嚥下反射によって起こる一連の運動

1. 軟口蓋挙上→鼻咽腔閉鎖
2. 舌背挙上→口腔と咽頭の遮断
3. 舌根後退→咽頭への送り込み
4. 舌骨，喉頭→前上方への挙上
5. 喉頭蓋反転，披裂の内転，声門閉鎖→喉頭閉鎖
6. 咽頭収縮
7. 輪状咽頭筋弛緩→食道入口部の開大

気道を閉鎖して，食塊を咽頭から食道に送り込む．

▶Chapter 8　嚥下運動 →（eラーニング▶スライド10）

嚥下運動は嚥下反射によって起こる一連の運動で，気道を閉鎖して（呼吸は停止し）食塊が咽頭を通過して食道に送り込まれる．1回の嚥下運動は**表2**の七つの運動からなり，これらの複雑な運動が約0.5秒で行われる．嚥下運動は1日約600回行われている[6]．

Chapter 8の確認事項▶eラーニング スライド10対応

1 嚥下運動の概要を理解する．

▶Chapter 9　嚥下運動に関与するおもな咽頭，喉頭の筋肉 参照▶P.27以降 →（eラーニング▶スライド11）

嚥下運動に関与するおもな咽頭，喉頭の筋肉は，舌骨を上前方へ挙上させる筋群や喉頭を挙上させる筋群，喉頭を閉鎖させる筋群，咽頭収縮筋群などである．輪状咽頭筋は咽頭期には弛緩する．

Chapter 9の確認事項▶eラーニング スライド11対応

1 嚥下運動にかかわる咽頭，喉頭の筋群について理解する．

▶Chapter 10　嚥下に関係する運動神経とおもな筋の働き（表3） →（eラーニング▶スライド12）

嚥下に関与するおもな運動神経として，脳神経では三叉神経，顔面神経，舌咽神経，迷走神経，舌下神経などがある．

▶Chapter 11　嚥下に関係する感覚神経の働き（表4） →（eラーニング▶スライド13）

嚥下に関与するおもな感覚神経は，三叉神経，舌咽神経，迷走神経などである．

表３　嚥下に関係する運動神経とおもな筋の働き

神経	支配筋	嚥下における働き
三叉神経（Ⅴ）	咀嚼筋 口蓋帆張筋 顎舌骨筋，顎二腹筋前腹	開口，閉口の顎運動 口蓋帆を張る（軟口蓋の引き下げ） 舌骨の挙上
顔面神経（Ⅶ）	表情筋（口唇筋） 茎突舌骨筋	口裂の開閉，咀嚼時の食塊保持 舌骨の挙上
舌咽神経（Ⅸ）	口蓋帆挙筋など 咽頭括約筋，茎突咽頭筋など	軟口蓋の挙上 咽頭収縮
迷走神経（Ⅹ）	甲状咽頭筋，輪状咽頭筋 輪状甲状筋など 食道	咽頭収縮 声門閉鎖 蠕動運動
舌下神経（Ⅻ）	内舌筋，外舌筋 オトガイ舌骨筋	舌運動 舌骨を前方に引く
頸神経ワナ	甲状舌骨筋 胸骨舌骨筋	喉頭挙上 舌骨の下制

（　）内の数字は脳神経の番号を示す．

表４　嚥下に関係する感覚神経の働き

支配領域	感覚	神経支配	
		末梢神経	脳神経
口唇，口腔粘膜 歯根膜	触圧覚など 歯にかかる圧力	上顎神経および下顎神経	→三叉神経（Ⅴ）
舌　前2/3	触圧覚など 味覚	舌神経 鼓索（舌）神経	→三叉神経（Ⅴ） →顔面神経（Ⅶ）
舌　後1/3	触圧覚など 味覚		舌咽神経（Ⅸ） 舌咽神経（Ⅸ）
喉頭蓋～喉頭蓋谷	触圧覚など，味覚	上喉頭神経（内枝）	→迷走神経（Ⅹ）
扁桃，咽頭，軟口蓋	触圧覚など		舌咽神経（Ⅸ）
咽頭，喉頭，食道	触圧覚など		迷走神経（Ⅹ）

（）内の数字は脳神経の番号を示す．色文字は，嚥下運動誘発の求心路として重要．
触圧覚など；そのほかに温痛覚，筋固有覚を含む．

▶Chapter 12　嚥下反射の中枢機構 →（eラーニング▶スライド14）

嚥下運動の反射機構は，口腔や咽頭の粘膜にある感覚受容器から舌咽，迷走神経などの求心性神経を介して，脳幹の延髄にある嚥下中枢に伝えられ，反射的に遠心性神経を介して嚥下関連筋群の運動を引き起こす．嚥下反射や咳反射の求心性の神経伝達物質としてサブスタンスＰが重要なことが知られてきている[7)]．感覚受容器からの情報はさらに視床や大脳辺縁系，大脳皮質にも伝えられる．大脳皮質や大脳辺縁系の上位中枢は嚥下反射中枢の活動をコントロールしていると考えられている．嚥下に関与する大脳皮質には第一次運動野や感覚野の口腔顔面領域から咽頭，喉頭にかけての領域，島葉，前帯状皮質などが明らかとなってきている[8)]．

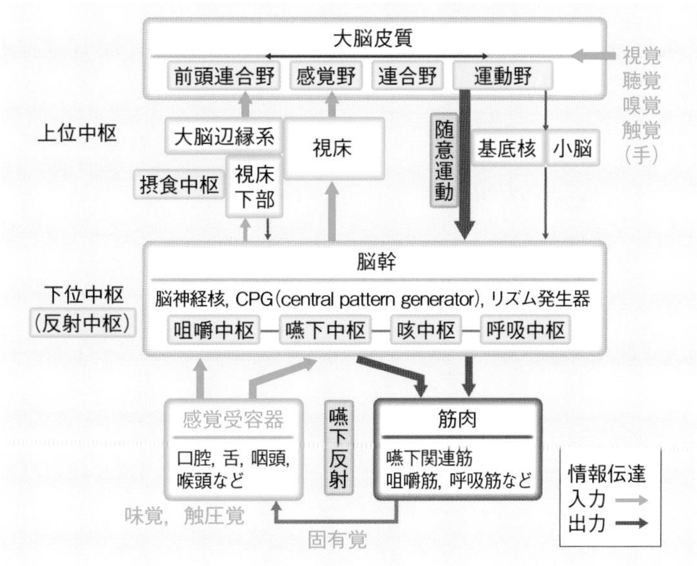

図7　摂食嚥下や関連運動の神経機構

Chapter 12の確認事項 ▶ eラーニング スライド14対応

1. 嚥下反射の神経支配を理解する.
2. 大脳皮質や大脳辺縁系のはたらきを理解する.

▶ Chapter 13　摂食嚥下や関連運動の神経機構 → (eラーニング ▶ スライド15)

摂食嚥下には, 脳幹を介して反射的に行われる運動と大脳皮質からの司令によって随意的に行われる運動がある. 脳幹には咀嚼のリズム発生器があり, 嚥下の運動パターン発生器 (CPG) も存在すると考えられている. これらの反射中枢は上位中枢からその活動を調整され, また末梢の感覚受容器からの求心性入力により修飾されると考えられている[8] (**図7**).

Chapter 13の確認事項 ▶ eラーニング スライド15対応

1. 摂食嚥下の神経機構を理解する.

文　献

1) Leopold NA, Kagel MC : Swallowing, ingestion and dysphagia : a reappraisal. Arch Phys Med Rehabil, 64 : 371-373, 1983.
2) 馬場　尊 : プロセスモデル (嚥下). 臨床リハ, 18 (1) : 49, 2009.
3) 中村嘉男 : 咀嚼運動の生理学. 医歯薬出版, 東京, 1998.
4) 松尾龍二 : 唾液分泌の中枢制御機構. 日薬理誌, 127 (4) : 261-266, 2006.
5) Palmer JB : Integration of oral and pharyngeal bolus propulsion : a new model for the physiology of swallowing. 日摂食嚥下リハ会誌, 1 : 15-30, 1997.
6) Lear CS, Flanagan JB Jr, Moorrees CF : The frequency of deglutition in man. Arch Oral Biol, 10 : 83-100, 1965.
7) 松元秀次, 下堂薗恵, 川平和美 : 嚥下障害のバイオマーカー : サブスタンスP. Geriatric Medicine, 45 (10) : 1331-1335, 2007.
8) 山田好秋 : 嚥下の神経生理学. 日摂食嚥下リハ会誌, 10 (1) : 3-11, 2006.

5 嚥下モデル：4期モデル・プロセスモデル

Lecturer ▶ 松尾浩一郎
藤田医科大学医学部
歯科・口腔外科学講座教授

学習目標 Learning Goals

- 嚥下の4期モデル，プロセスモデルについて理解する

▶ Chapter 1　4期モデルとプロセスモデルの違いについて

→（eラーニング ▶ **スライド2**）

正常の摂食嚥下の生理を述べるときには，おもに次の二つの系統的モデルが用いられる．臨床的には，これらに先行期を加えた5期モデル（本章末参照）が一般的に用いられる．

4期モデル（four stage model）[1]

水，もしくはそれに準じた液体の嚥下動態に対する摂食嚥下モデル．食物の場所により，口腔準備期から食道期までの4期に分けて説明する．各期がほぼ重複することなく続いていく．

プロセスモデル（process model）[2]

食物の咀嚼，嚥下時の動態に対する摂食嚥下モデル．咀嚼中に食物が口腔と咽頭に存在する事象を説明する．

▷ Chapter 1の確認事項 ▶ **eラーニング スライド2対応**

1. 摂食嚥下の生理的モデルとして，4期モデルとプロセスモデルという二つの系統的モデルがあることを押さえる．

▶ Chapter 2　4期モデルについて（図1）

→（eラーニング ▶ **スライド3, 4**）

4期モデルは「命令嚥下」の概念を基本としている．命令嚥下では，対象者が嚥下前に食塊を口腔内でいったん保持したのち，合図とともに嚥下を行うものとされていた．4期モデルをもとにした多くの研究は，液体を命令嚥下したときの運動と食塊の動きを適切に描写しているが，その嚥下運動を，日常の食べる，飲むときの動態へと一般化することは難しい．

液体バリウムを命令嚥下したときのVFスローモーション映像などをみれば（eラーニングを参照），バリウムは，はじめ口腔内に保持されていることがわかる（口腔準備期）．このとき舌と軟口蓋により口峡部が閉鎖されているので，口腔は咽頭から遮断されている．そのため，健常者では，嚥下開始前に食塊が咽頭にたれ込むということはない．いったん嚥下が始まると，バリウムは咽頭を通過し，食道へと運ばれる．

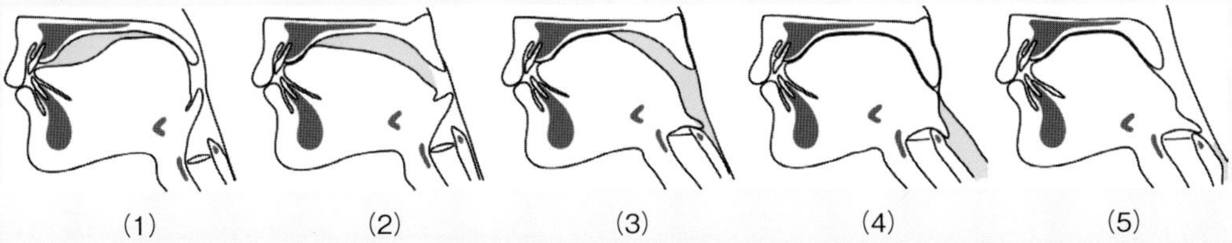

図1　４期モデルの各ステージについて

口腔準備期：口腔内での食塊形成の時期．舌後方部と軟口蓋による口峡部閉鎖により，口腔は咽頭から遮断されている〈上図(1)〉．

口腔送り込み期：食物を口腔から咽頭へと送り込む時期．食物が嚥下できる状態になると，舌前方部は口蓋へと接し始め，舌後方部は下降する．同時に，軟口蓋が後方へと挙上し，口峡部は開かれる．食塊は舌と口蓋によって咽頭へと送り込まれていく〈上図(2)〉．

咽頭期：咽頭の神経，筋の連続した活動により食物が咽頭を通過する時期．食塊は咽頭から上食道括約筋部を越え，食道へと送られる〈上図(3)，(4)〉．

食道期：食道に入った食塊は，蠕動運動と重力によって下方へと運ばれ，最終的に下咽頭括約筋部を通り胃へと至る〈上図(5)〉．

Chapter 2の確認事項 ▶ **eラーニング スライド3, 4対応**

1 命令嚥下を理解する．

2 ４期モデルにおける摂食嚥下様式の特徴を理解する．

▶Chapter 3　咽頭期について →（eラーニング参照）

▶Chapter 4　プロセスモデルについて (図2) →（eラーニング ▶ **スライド6**）

食物を食べるとき，咀嚼された食物は，液体の命令嚥下とは異なる様式で咽頭へと送り込まれる．この食物の流れを4期モデルで表現するには限界がある．そこで，この食物を咀嚼したときの摂食嚥下動態を説明するために，プロセスモデルが提唱された．

プロセスモデルで表現される咀嚼嚥下の特徴を以下に記す．

・食物を食べるとき，咀嚼された食物は，嚥下の咽頭期が始まる前に，口峡を通って中咽頭，喉頭蓋谷に送り込まれ，集積されていく．

・咀嚼された食物の一部が中咽頭へと送られた後も，口腔内に残っている食物は引き続き咀嚼される．

・つまり，食物が嚥下前に口腔にありながら，咽頭にも存在する．

Chapter 4の確認事項 ▶ **eラーニング スライド6対応**

1 プロセスモデルの意味を理解する．

2 プロセスモデルにおける摂食嚥下様式の特徴を理解する．

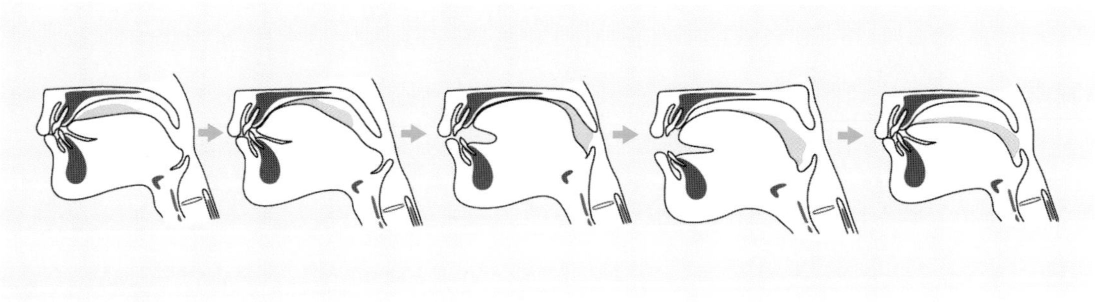

図2　プロセスモデルについて
食物を食べるとき，咀嚼された食物は，嚥下の咽頭期が始まる前に，口峡を通って中咽頭，喉頭蓋谷に送り込まれ，集積されていく．
咀嚼された食物の一部が中咽頭へと送られた後も，口腔内に残っている食物は引き続き咀嚼される．
つまり，食物が嚥下前に口腔にもありながら，咽頭にも存在する．

▶Chapter 5　プロセスモデルの各期について[3] (図3) →（eラーニング▶スライド7, 8）

プロセスモデルは，摂食嚥下活動に関連した器官の動きにより，下記の四つのステージに分類される．第2期輸送は咀嚼中に行われるので，4期モデルと異なり，二つのステージが同じ時間に起こっている過程が存在する．

第1期輸送（stage Ⅰ transport）：捕食された食物を臼歯部へと運ぶ時期．舌が全体的に後方へと動くことによって，舌の上にのせた食物を臼歯部へと運び（舌のプルバック運動），外側へと回転して食物を下顎の咬合面へとのせる．

咀嚼（processing）：咀嚼により食物を小さく粉砕し，唾液と混ぜ，嚥下しやすい性状へと変化させる時期．下顎の周期的な咀嚼運動とともに，舌，頬，軟口蓋，舌骨なども周期的に連動しながら動く．

第2期輸送（stage Ⅱ transport）：咀嚼した食物を中咽頭へと送る時期．咀嚼された食物の一部は，嚥下できる性状になると舌の中央にのせられ，舌の絞り込むような動き（舌の「絞り込み（squeeze back）」運動）により中咽頭へと運ばれる（参照▶Chapter 7）．

咽頭嚥下（pharyngeal swallow）：食塊を咽頭から上食道括約筋を越え，食道へと送る時期．固形物を咀嚼し嚥下するときの咽頭と喉頭の動きは，液体嚥下時とほぼ同じである．

▷ Chapter 5の確認事項▶eラーニング スライド7, 8対応

1 プロセスモデルの各期の特徴を理解する．

▶Chapter 6　プロセスモデルと4期モデルの比較

図4に，プロセスモデルと4期モデルを比較する．

▷ Chapter 6の確認事項

1 プロセスモデルの特徴を理解する．

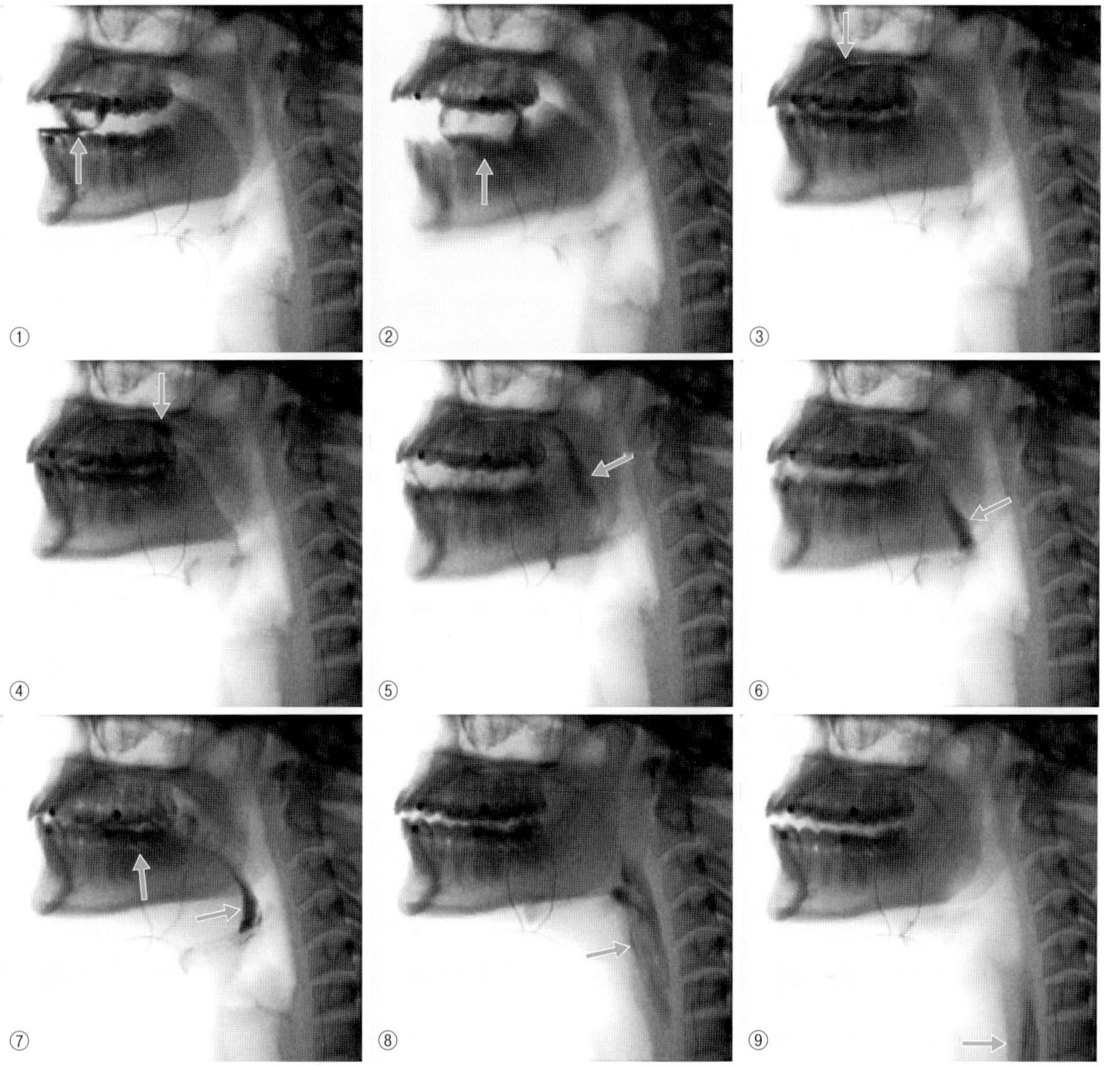

図3　プロセスモデルのVFコマ送り写真
① stage Ⅰ transport開始，②同終了，③咀嚼，④ stage Ⅱ transport開始，⑤同途中，⑥食塊集積（喉頭蓋谷），⑦咀嚼＋食塊集積，⑧咽頭期，⑨食道期

Chapter 7　第2期輸送（stage Ⅱ transport）→（eラーニング▶スライド10）

口にとり込まれた食物は，舌によりすぐに臼歯部へと運ばれ（第1期輸送；stage Ⅰ transport），咀嚼が開始される．咀嚼された食物の一部は，嚥下できる性状になると舌の中央に集められたのち，口峡を越えて中咽頭へと送り込まれる．この送り込みを第2期輸送（stage Ⅱ transport，**図5**）とよぶ．

第2期輸送は，閉口中に起こる．舌の前方部が最初に上顎前歯の裏側の硬口蓋に接触する．咀嚼された食塊を中咽頭へと絞り込むように，舌-口蓋の接触領域は徐々に後方へと拡大していく（舌の「絞り込み（squeeze back）」運動）．

第2期輸送は，おもに舌の絞り込み運動によるため，重力は必要としない．第2期輸送は咀嚼中に間歇的に起こり，送り込まれた食塊は，その後の咀嚼中，中咽頭の舌背部と喉頭蓋谷部に集積される．口腔に残っている食物は引き続き咀嚼され，さらなる第2期輸送により，中咽頭に集積される．

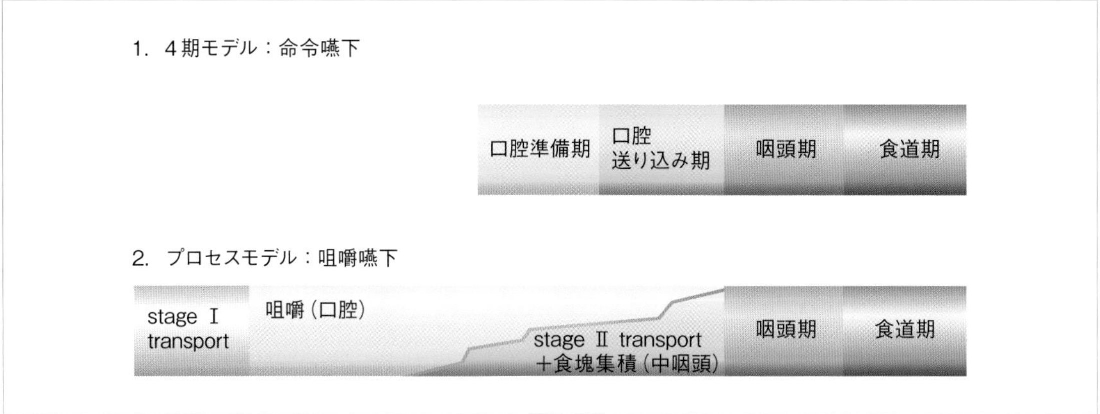

図4　4期モデルとプロセスモデル

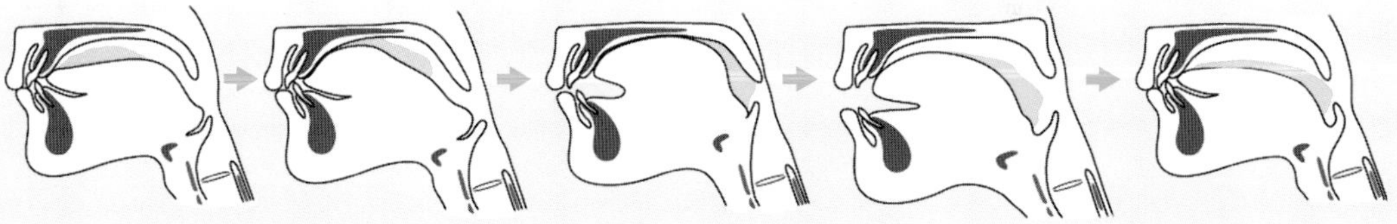

図5　第2期輸送（stage Ⅱ transport）

・咀嚼された食物の一部は，嚥下できる性状になると，舌の中央に集められたあと，口峡を越えて中咽頭へと送り込まれる．この送り込みを第2期輸送（stage Ⅱ transport）とよぶ．
・第2期輸送は，閉口中に起こる．舌の前方部が最初に上顎前歯の裏側の硬口蓋に接触する．咀嚼された食塊を中咽頭へと絞り込むように，舌-口蓋の接触領域は徐々に後方へと拡大していく〈舌の「絞り込み（squeeze back）」運動〉．
・第2期輸送は，おもに舌の絞り込み運動によるため，重力は必要としない．
・第2期輸送は咀嚼中に間歇的に起こり，送り込まれた食塊は，その後の咀嚼中，中咽頭の舌背部と喉頭蓋谷部に集積される．口腔に残っている食物は引き続き咀嚼され，さらなる第2期輸送により，中咽頭に集積される．

Chapter 7の確認事項▶eラーニング スライド10対応

1 第2期輸送の運動様式を理解する．

Chapter 8　液体と固体同時摂取時の食物の咽頭への進入様式

→（eラーニング▶スライド12）

液体と固体を同時に摂取するときには，食物の咽頭への進入様式がまた変化する[7]．

固体と液体を同時に摂取したときには，食塊は嚥下前に高率に下咽頭へと送り込まれる．

Chapter 8の確認事項▶eラーニング スライド12対応

1 混合物嚥下時の特徴を理解する．

参考 REFERENCE

5期モデルの各ステージについて

5期モデルは4期モデルを援用し，それに先がけた「先行期」を加えて，摂食嚥下を食物認知から区分けした臨床的モデル．そのステージは，下記の五つに分類される．

先行期：食物を口にとり込むまでの段階．

準備期：口腔内での食塊形成の時期．舌後方部と軟口蓋による口峡部閉鎖により，口腔は咽頭から遮断されている．舌が食塊を保持している．

口腔期：食物を口腔から咽頭へと送り込む時期．食物が嚥下できる状態になったら，食物を保持していた舌は，前方部から口蓋へと接し始め，舌後方部は下降する．同時に，軟口蓋が後方へと挙上し，口峡部は開かれ，食塊は舌と口蓋によって絞り込まれるように咽頭へと送り込まれていく．

咽頭期：咽頭の神経，筋の連続した活動により食物が咽頭を通過する時期．食塊は咽頭から上食道括約筋部を越え，食道へと送られる．

食道期：食道に入った食塊は，蠕動運動と重力によって下方へと運ばれ，最終的に下咽頭括約筋部を通り胃へと至る．

（松尾浩一郎）

文　献

1) Leopold NA, Kagel MC：Dysphagia-ingestion or deglutition？：a proposed paradigm. Dysphagia, 12 (4)：202-206, 1997.

2) Palmer JB, Rudin NJ, Lara G, Crompton AW：Coordination of mastication and swallowing. Dysphagia, 7 (4)：187-200, 1992.

3) Matsuo K, Palmer JB：Anatomy and physiology of feeding and swallowing：normal and abnormal. Phys Med Rehabil Clin N Am, 19 (4)：691-707, 2008.

4) 松尾浩一郎，Palmer JB：摂食・嚥下のプロセスモデル：生理学と運動学．摂食・嚥下リハビリテーション，第2版，才藤栄一，向井美惠監修，医歯薬出版，東京，pp.62-77, 2007.

5) 松尾浩一郎，目谷浩通，Mays KA, Palmer JB：摂食中における軟口蓋の動きと下顎運動の連動性の検討．日摂食嚥下リハ会誌，12 (1)：20-30，2008.

6) Mioche L, Hiiemae KM, Palmer JB：A postero-anterior videofluorographic study of the intra-oral management of food in man. Arch Oral Biol, 47 (4)：267-280, 2002.

7) Saitoh E, Shibata S, Matsuo K, Baba M, Fujii W, Palmer JB：Chewing and food consistency：effects on bolus transport and swallow initiation. Dysphagia, 22 (2)：100-107, 2007.

§3

原因と病態

e-learning

6 摂食嚥下各期の障害

Lecturer ▶ 薛　克良
特定医療法人順和長尾病院
リハビリテーション部部長

学習目標 Learning Goals

- 摂食嚥下各期の障害（原因と病態）がわかる

本章では，5期モデル（参照▶P.43）をもとに摂食嚥下各期の概念，機能，役割，病態を解説する（スライド3まではeラーニング参照）．

Chapter 1　先行期の障害 →（eラーニング▶スライド4）

意識障害，認知症，情動障害，知的障害，高次脳機能障害などが存在すると先行期の障害として現れる．また，不随意運動や姿勢障害などによる食事動作の問題も含まれる（**表1**）．

大脳劣位半球障害の半側空間失認は，左側の見落としによる食事の食べ残しや，常に頸部が右を向き姿勢が崩れやすいことによる（右回旋で左側傾になりやすい）嚥下運動への悪影響がある．

大脳優位半球障害で現れやすい観念失行は，道具の使用手順がわからなくなり，食器の使用が困難になることがある．摂食障害の拒食症は，意識障害がないにもかかわらず食物をみてもまったく反応しなかったり，スプーンなどで食物を口に近づけても開口しないことがある．

Chapter 1の確認事項 ▶ eラーニング スライド4対応

1 先行期に生じる問題と代表的な先行期障害を理解する．

Chapter 2　準備期の障害（表2）→（eラーニング▶スライド6）

顔面神経麻痺などの口唇の麻痺で口唇の閉鎖障害は起こるが，脳血管障害などによる中枢性麻痺の場合は協調運動が悪く，とり込み時は口唇を閉じることができても，咀嚼時にこぼれ出てしまう．さらにストローでの液体摂取の場合はストローと口唇との間に隙間をつくらないようにしなければならないうえ，陰圧に耐える必要がある．

また，通常，口腔粘膜や舌の表面，咀嚼筋など咀嚼に関する器官に分布する感覚神経が働いて，咀嚼中の食塊の状態などの情報を脳に送り，咀嚼動作や舌の細かな動きを調節している．これが困難な場合，たとえば固形物に対する「すりつぶし咀嚼」やゼリーやペースト状のものに対する「押しつぶし咀嚼」などの判断に支障をきたし，食塊形成に影響が出る．

さらに，咀嚼運動，食塊形成がうまくできないと，食塊が口のなかでバラバラに広がってしまい，うまく次の「送り込み」につなげることができない．また，嚥下時には食物を丸のみすることになる．さらに咀嚼・食塊形成中は味覚を感じる過程でもあるため，これができないと食物の味を感じることも障害される．このような食塊形成の障害は舌の機能障害が強い疾患，たとえば仮性球麻痺や筋萎縮性側索

表1　先行期の障害

①覚醒・注意の異常
・とり込み動作の開始困難，摂食行為の中断
②空腹感，食欲，食思形成の異常
・食欲低下
③空間認知障害
・片側半分の食物を食べ残す（半側空間無視）
④摂食行為のプログラミングの異常
・ガツガツ食べる，何でも口にもっていく
⑤とり込み動作の開始，実行困難
・食器を使えない（観念失行） ・摂食中の感情失禁
⑥姿勢制御・上肢の運動コントロールの異常
・食物をつかめない，口にもっていけない（振戦，動作時ミオクローヌス）
⑦その他
・口腔に物が入るのを嫌がる（口腔過敏）

表2　準備期の障害

①開口・閉口障害
口腔内に食物がとり込めない，こぼれる 智歯周囲炎，扁桃炎，歯周疾患（歯槽膿漏），急性耳下腺炎，顎関節症，顎関節の腫瘍，顎関節強直症など
②口唇閉鎖障害
とり込んだ食物が口腔外に流出する 唾液が流れ出る
③口腔内における感覚入力の障害
とり込んだ食物の特性を判断できず，食塊形成にも影響を及ぼす 食物の味や食感を楽しめない
④咀嚼障害
食物を噛み，すりつぶして唾液と混ぜ合わせることが困難となり，食塊形成が行えない

硬化症，舌腫瘍の術後などに特徴的にみられる．

▷ Chapter 2の確認事項▶**eラーニング スライド6対応**

1 準備期に生じる問題と代表的な準備期障害を理解する．

Chapter 3　口腔期の障害（表3）→（eラーニング▶スライド8）

食塊を送り込む際には，舌尖は上顎切歯の口蓋側または硬口蓋前方に押しつけられ，舌背が臼歯部と口蓋粘膜に向け側縁部を挙上させることでスプーン状のくぼみがつくられる．舌運動の機能が低下するとこれらの動きが困難となり，食塊をスムーズに送り込むことができなくなる．また，これら「送り込み」には舌だけでなく口唇や頬の筋もかかわっており，これらの動きが障害されても咽頭への絞り出し（蠕動様運動）に困難をきたす．このような場合，上を向いたり仰向けに寝るなど重力を利用したり，食物を直接奥舌に入れる必要が生じてくる．

また，通常水を口腔内に留めて一気に飲み込むような場合，水が咽頭に流れ込まないように口腔と咽頭腔の間が舌と口蓋で閉鎖される．舌や口蓋に障害があるとこの閉鎖ができず，嚥下反射が起こる前に水分が気道に流入してしまい，嚥下前誤嚥がみられる．ただし，固形物の場合はプロセスモデルのなかで定義されているように普通に食事をしている際には健康な者でも食塊の一部は咀嚼中に咽頭まで送り込まれている（stage II transport）．これらのような口腔期の障害は，舌や軟口蓋の機能障害をきたす疾患（偽性球麻痺など）に認めやすい．

▷ Chapter 3の確認事項▶**eラーニング スライド8対応**

1 口腔期に生じる問題と代表的な口腔期障害を理解する．

表３　口腔期の障害

①舌運動の機能低下
・食塊を奥舌に送り込めない ・食塊を咽頭へ送り込めない ・嚥下後に口腔内（舌や口蓋）に食物残渣が生じる
②舌と口蓋による口腔－咽頭腔の閉鎖不全
・嚥下反射が起こる前にだらだらと気道に食塊が入ってしまい，嚥下前誤嚥がみられる

表４　咽頭期の障害

①鼻腔と咽頭腔の閉鎖障害（鼻咽腔閉鎖不全）
・鼻腔へ食塊が逆流する
②口腔と咽頭腔の閉鎖障害
・口腔へ食塊が逆流する
③嚥下反射惹起困難
・嚥下反射が誘発されない
④食道入口部の開大不全（輪状咽頭嚥下障害）
・食道入口部の通過障害
⑤喉頭挙上不全および咽頭収縮力の低下
・喉頭蓋の反転不全（声門閉鎖不全）

Chapter 4　咽頭期の障害（表4）→（eラーニング▶スライド9, 10対応）

食塊が咽頭に送り込まれると喉頭が挙上して嚥下反射が起こり，食塊は一瞬で咽頭を通過する．咽頭通過は通常0.5秒以内でほんの一瞬のうちに終わってしまうが，生命の危険につながる誤嚥が起こる場所で，非常に重要なところである．

食塊が咽頭に入ると，舌根が咽頭後壁にさらに押しつけられ，咽頭内圧が高まり，咽頭後壁にも蠕動運動が生じて食塊を食道に送る原動力となる．同時に食道入口部の上食道括約筋（輪状咽頭筋）が弛緩して一気に食塊が食道に送り込まれる．食塊が咽頭を通過する際には一瞬呼吸が停止し，鼻腔と気管へつながる通路を閉じて食塊が気道に入ったり（誤嚥），鼻腔に逆流したりしないようにする．これは嚥下性の無呼吸とよばれる．

軟口蓋や上咽頭収縮筋の器質的あるいは機能的障害により，鼻咽腔閉鎖が困難な場合には，高まった咽頭内圧が鼻腔へ食物を押し出してしまい，食道に送り込めない． また，舌や口蓋の器質的あるいは機能的障害により口腔と咽頭腔を閉鎖できない場合には，口腔への逆流がみられる．さらに，嚥下反射の惹起困難や食道入口部の開大不全は，球麻痺症状として臨床上確認される．また，輪状咽頭部（食道入口部）が特に開かない状態を輪状咽頭嚥下障害とよび，延髄障害（球麻痺）のほか筋疾患（多発性筋炎など）でみることがある．咽頭収縮筋による蠕動様運動が十分でない場合には，喉頭蓋谷や梨状窩への食塊の残留がみられる．また，喉頭蓋による喉頭の閉鎖が十分でない，あるいはタイミングが合わない場合には喉頭侵入や誤嚥がみられる．

さらに，誤嚥防止機能として声門や声門前庭が閉じる際には少しだけ空気が咽頭へ押し出されて（声門下圧が高い），入りかかった食物を押し戻している．この閉鎖のタイミングがずれたり，閉鎖が不十分な場合には食塊が気管に入り誤嚥へとつながる．これらは偽性球麻痺による筋力低下や嚥下反射の遅延などでみられることが多い．

Chapter 4の確認事項▶eラーニング スライド9, 10対応

1 咽頭期に生じる問題と代表的な咽頭期障害を理解する．

表5　食道期の障害

①上食道括約筋の閉鎖不全
・胃酸，消化液，細菌を含んだ食物が咽頭に逆流する（嘔吐）
②下食道括約筋の閉鎖不全
・胃食道逆流が起こり，逆流性食道炎の原因となる
③下食道括約筋の弛緩不全
・胃の入口部が弛緩できないことで発生する通過障害（アカラジア）
④食道の蠕動障害
・胃食道逆流，食道内逆流，食道残留などがみられる ・薬剤（抗コリン薬など）の影響によって起こることもある
⑤食道の器質的狭窄
・腫瘍，食道の蛇行など

▶Chapter 5　食道期の障害（表5）→（eラーニング▶スライド13, 14対応）

食道入口部（第1狭窄部）を通過して食塊が食道に送り込まれると，上食道括約筋は逆流しないようにぴったりと閉鎖する．続いて蠕動運動が起こり，食物は胃へ運ばれる．食塊の移送には重力と腹腔内圧も関与している．食道は途中で大動脈，気管支と交差するため生理的狭窄部（第2狭窄部）が存在する．さらに食道下部には下食道括約筋（第3狭窄部）があり，胃食道逆流を防止している．

上食道括約筋の閉鎖不全により逆流性の誤嚥が起こると，誤嚥性肺炎を起こすことが少なくない．これは高齢者で肺炎を繰り返す場合の機序として重要である．食後2時間程度，起座位をとることでこの逆流をかなり予防できる．脳血管障害，神経筋疾患，食道疾患，加齢などで食道の蠕動障害が起こる．また抗コリン薬などの薬剤は食道の運動低下を起こす．さらに，刺激の強い薬剤が局所に停滞して潰瘍を起こすことがある．

▷ Chapter 5の確認事項▶eラーニング スライド13, 14対応

1 食道期に生じる問題と代表的な食道期障害を理解する．

文　献

1）聖隷三方原病院嚥下チーム：嚥下障害ポケットマニュアル．第2版，医歯薬出版，東京，2003.
2）藤島一郎編著：ナースのための摂食・嚥下障害ガイドブック．中央法規出版，東京，2005.
3）藤島一郎，柴本勇監修：動画でわかる摂食・嚥下リハビリテーション．中山書店，東京，2004.
4）藤島一郎，藤谷順子編著：嚥下リハビリテーションと口腔ケア．メヂカルフレンド社，東京，2001.
5）才藤栄一，向井美惠監修：摂食・嚥下リハビリテーション．第2版，医歯薬出版，東京，2007.
6）本多知行，溝尻源太郎編：医師・歯科医師のための摂食・嚥下障害ハンドブック．第2版，医歯薬出版，東京，2002.
7）日本嚥下障害臨床研究会：嚥下障害の臨床．第2版，医歯薬出版，東京，2002.
8）湯本英二編：耳鼻咽喉科診療プラクティス　7　嚥下障害を治す．文光堂，東京，2002.
9）西尾正輝：摂食・嚥下の患者さんと家族のために．第1巻総合編，インテルナ出版，東京，2008.
10）JJNスペシャル　摂食・嚥下リハビリテーションマニュアル．52，1996.
11）馬場　尊，才藤栄一企画編集：摂食・嚥下障害リハビリテーション．モダンフィジシャン，26（1）：2006.

7 原因疾患；脳卒中

Lecturer ▶ 藤島一郎
浜松市リハビリテーション病院病院長

学習目標 Learning Goals

- 摂食嚥下障害の原因として脳卒中が重要であることがわかる
- 脳卒中とは何かがわかる
- どういう機序で摂食嚥下障害が起こるかがわかる
- 偽性球麻痺（仮性球麻痺）と球麻痺の違いがわかる
- 偽性球麻痺（仮性球麻痺）の特徴がわかる
- 球麻痺の特徴がわかる

Chapter 1 摂食嚥下障害の原因 → （eラーニング ▶ スライド2）

摂食嚥下障害はさまざまな原因で起こるが，脳卒中は最も頻度が高く重要な疾患である（**図1**）．脳卒中による摂食嚥下障害[1)]は，摂食嚥下にかかわる器官や組織の機能的な動きや感覚が悪くなる（機能的原因）ために生じ，解剖学的な構造の異常による通路障害（器質的原因）は伴わない．ただし，障害が長期に及ぶと廃用性の萎縮や炎症により構造の異常による通路障害（食道入口部の開大不全など）を伴ってくる場合もある．**図1**には医原性嚥下障害を別にとりあげている．これは異なる視点からみた大切なものであり，このなかには機能的障害と器質的障害の両者がある．いずれにしても，いわゆる病気とは別の視点で捉える必要がある摂食嚥下障害の原因である．

図1には，代表的な脳卒中として多発性脳梗塞，くも膜下出血，脳内出血のCT画像を示した．

・機能的原因
　—脳卒中：脳梗塞，くも膜下出血，脳内出血など
　—神経筋疾患，代謝性疾患など
　—意識障害
・器質的原因
　—外傷，腫瘍，術後など
・医原性嚥下障害
　—薬剤
　—手術・挿管による浮腫や神経損傷など
　—経管栄養チューブの圧迫

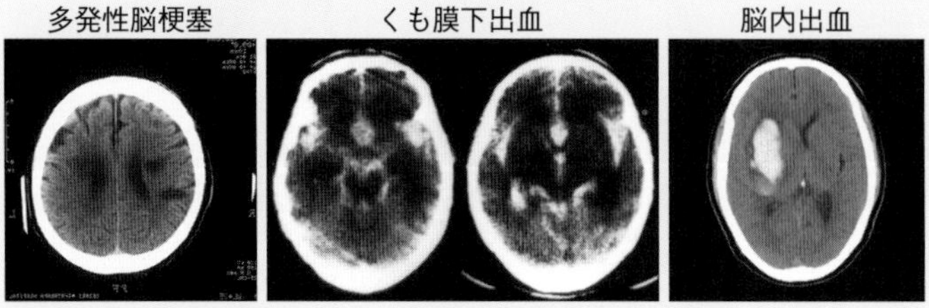

図1　摂食嚥下障害の原因

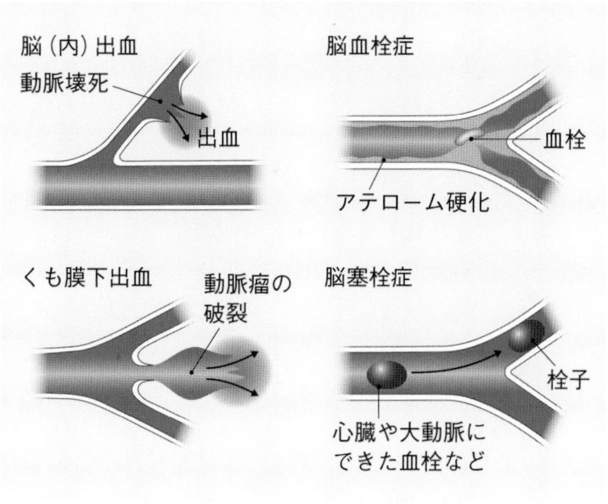

図2　脳卒中(stroke)とは？
脳血管障害と同義．突然発症するという意味
- 脳内出血；脳出血(脳実質内)
  くも膜下出血(脳表面)
- 脳梗塞；アテローム血栓性梗塞
  ラクナ梗塞
  心原性脳塞栓症など

Chapter 1の確認事項▶eラーニング スライド2対応

1 摂食嚥下障害の原因を整理する．

Chapter 2　脳卒中(stroke)とは？ (図2) → (eラーニング▶スライド3)

脳卒中は英語ではstrokeと表され，「突然病気になって倒れる」という意味である．わが国でも，脳卒中になることを「あたる(中る)」と表現している地域がある．脳血管障害(疾患)(cerebrovascular disorder)とほぼ同義である．脳卒中には血管が切れる脳出血と，血管が詰まる脳梗塞がある．脳出血には脳の実質内に出血する脳内出血(好発部位としては被殻，視床，小脳，橋)と，脳の表面に出血するくも膜下出血がある．脳梗塞は，動脈硬化に伴う脳血栓(比較的太い血管が詰まるものはアテローム血栓性梗塞，細い血管が詰まるものはラクナ梗塞)と心臓などから血栓が飛んできて詰まる脳塞栓に分けられる．病態によって，治療法や再発予防の薬剤などが異なる．

Chapter 2の確認事項▶eラーニング スライド3対応

1 脳卒中の種類を理解する．

Chapter 3　脳卒中の症状 → (eラーニング▶スライド4)

脳卒中にはいくつかのタイプがあるが，症状は「脳のどの部分が損傷されるか」で決まってくる．脳梗塞であっても脳出血であっても，脳の同じ場所が損傷されれば似たような症状を呈する．逆に同じ脳梗塞であっても，損傷される脳の場所が異なれば症状も異なる．

また，脳卒中急性期の症状は「経時的に変化する」ことに特に注意しなければならない．この原因は**図3**に示したように病変部位が広がったり，脳浮腫が生じたりするためである．また，同じ病変部位であっても，症状は年齢や基礎疾患などとともに全身の血圧や呼吸状態，電解質などの影響を受ける．

損傷を受けた脳は基本的に再生しないため後遺症を残すが，治療やリハビリテーションである程度の

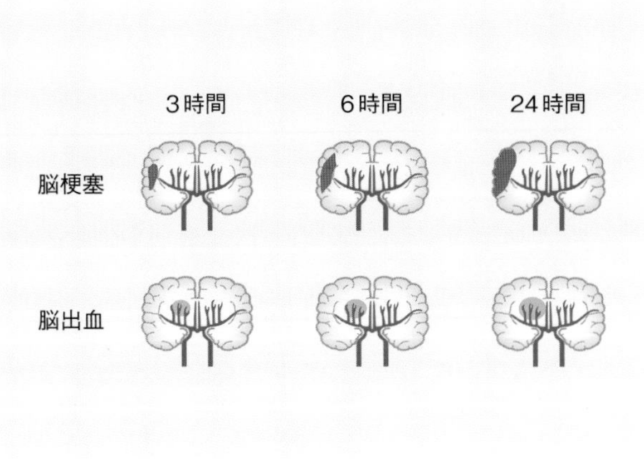

図3　脳卒中の症状

機能回復が期待できる．**図4**にある虚血性ペナンブラとよばれる部分は，細胞自体は生きているが機能は停止していると考えられ，この部分の回復は十分期待できる．最近は，脳に可塑性があることが報告され，適切なリハビリテーションで，これまで回復されないと信じられていた失われた機能がある程度，再獲得できるとされている．

Chapter 3の確認事項▶**eラーニング スライド4対応**

1 脳の損傷部位と脳卒中症状の相関を理解する．
2 急性期脳卒中の症状を理解する．

▶Chapter 4　脳卒中急性期の摂食嚥下障害 →（eラーニング▶**スライド5**）

繰り返しになるが，「脳卒中急性期の症状は経時的に変化する」ことをしっかり認識しておく必要がある．特に発症から1週間は慎重に対処しなければならない．入院したときにスクリーニングで問題ないから常食を出したところ次第にむせるようになり，3日目に肺炎になったというケースは多い．肺炎になるとリハビリテーションが遅れ，生命予後にも悪影響を及ぼす．発症3，4日は脳浮腫が出やすいため，注意が必要となる．脳浮腫が生じると意識障害が出ることがあり，この意識障害（後述）が嚥下に悪影響を及ぼす．再発例（両側障害）や高齢者は「危険が常にある」と思って対処することが大切である．

Chapter 4の確認事項▶**eラーニング スライド5対応**

1 脳卒中急性期の摂食嚥下障害を考える．

▶Chapter 5　脳卒中の摂食嚥下障害；頻度，タイプなど
→（eラーニング▶**スライド6**）

1）頻　度

摂食嚥下障害の罹患率や有病率を知ることはきわめて大切であるが，これを調べることはきわめて難しい．健常者でもむせることはあるし，むせない誤嚥という問題もある．何をもって摂食嚥下障害と診

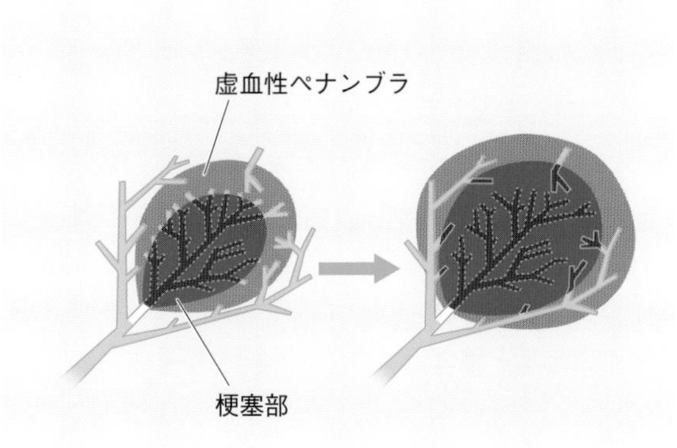

図4　梗塞部と浮腫および虚血性ペナンブラの経時的変化

断するかという診断基準が曖昧であるためである．わが国における摂食嚥下障害の頻度を質問紙[2]を用いて調査した結果からは，65歳以上の健常高齢者1,313人（男性575人，女性738人）で13.8％に嚥下の問題がある[3]と考えられる．

脳卒中による摂食嚥下障害は，発症からいつごろを問題にするかで頻度が異なる．急性期（発症から1週間以内）の患者では30％～100％（報告による）と高いが，回復期や生活期患者の場合，5～10％とされる．このことから，摂食嚥下障害による合併症の予防には急性期の対応が重要であり，急性期を合併症なく乗り切れば，多くの患者は摂食嚥下障害に対する特別な介入がなくても改善することがわかる．急性期の摂食嚥下には意識障害や薬物（特に抗けいれん剤や向精神薬など）の影響があることを念頭に置く必要がある．

2）タイプ

脳卒中による摂食嚥下障害には三つのタイプがある．それは，意識障害を伴う大きな病変，偽性球麻痺（仮性球麻痺），球麻痺の三つである．以後，個別にとりあげて解説する．

Chapter 5の確認事項▶eラーニング スライド6対応

1. 脳卒中急性期の摂食嚥下障害対応の重要性を理解する．
2. 脳卒中による摂食嚥下障害のタイプを理解する．

▶Chapter 6　一側性大脳病変による摂食嚥下障害（意識障害を伴う場合）

→（eラーニング▶**スライド7**）

一側性の大きな大脳病変では，意識障害が起こる．意識障害は脳幹網様体の機能が低下するために起こると考えられるが，嚥下の中枢は延髄の脳幹網様体にあり，機能低下はすなわち嚥下機能の低下と直結する．意識障害があれば認知機能だけでなく，口腔・咽頭などの狭義の嚥下機能も低下し，摂食嚥下障害があると考えるべきである．

意識が悪いときは生体の反応が悪い．これは誤嚥したときにむせにくいということにもつながる．意識障害は変動するので，摂食直前の状態を必ずチェックするとともに，摂食中にも意識レベルが低下する場合があることを念頭に対処しなければならない．たとえば，食事はじめは覚醒していたが食事中に傾眠傾向になることをときどき経験する．この場合は食物が消化管に入ることで消化管の血流が増加して脳血流が低下したり，副交感神経が優位になったりすることなどが原因であるが，誤嚥していたり，誤嚥性の無呼吸が原因で血中酸素飽和度が低下したための意識障害という可能性もありうる．意識レベルが低下したら，その原因を突き止め適切に対処しなければならない．

Chapter 6の確認事項▶**eラーニング スライド7対応**

1. 意識障害を伴う一側性大脳病変でみられる摂食嚥下障害の特徴を理解する．
2. 意識障害と摂食嚥下機能の相関を理解する．

▶Chapter 7 意識障害を伴わない一側性大脳病変 →（eラーニング▶**スライド8**）

一方，意識障害を伴わない一側性の大脳病変でも，急性期に嚥下障害を呈するという報告がある[4,5]．この場合，嚥下障害のタイプは偽性球麻痺を呈するが，障害は比較的軽く，数か月もの長期に及ぶことはない．Robbins[6]らは大脳半球の損傷の左右差に着目し，右半球損傷では咽頭反射時間が遅れ，水分の誤嚥・侵入が多いと述べている．また，Daniels ら[7]は，大脳一側性病変による嚥下障害は島前部が大切な役割を果たしていると述べている．Hamdy ら[8]は，急性期脳卒中の1/3に嚥下障害があり，嚥下障害があると死亡率も高いが，多くの嚥下障害は1週間以内に改善すると述べている．彼らは嚥下に関して大脳半球の優位側を想定し，一側性の大脳病変でも優位半球が損傷されると嚥下障害が長期化すると述べている．

一側性の大脳病変では遠隔効果（diaschisis，ダイアスキーシス）により対側大脳の脳機能が低下している可能性があり[1]，この機序を想定すると通常の偽性球麻痺の病態として摂食嚥下障害が起こると考えることもできる．いずれにしても意識障害を伴わない一側性の大脳病変で摂食嚥下障害が起こることは事実であり，脳卒中の診療をする場合に念頭に置いておかねばならないし，今後，嚥下障害における大脳の関与や回復のメカニズムを考えるうえで興味は尽きない．ただし，筆者の臨床経験で一側性大脳病変が長期に重度の偽性球麻痺症状を呈することはない．

Chapter 7の確認事項▶**eラーニング スライド8対応**

1. 意識障害を伴わない一側性大脳病変における摂食嚥下障害の特徴を理解する．
2. 意識障害と摂食嚥下機能の相関を理解する．

▶Chapter 8 偽性球麻痺と球麻痺の病変部位とおもな特徴[2]（表1） →（eラーニング▶**スライド9**）

偽性球麻痺は，延髄に対する両側の上位運動ニューロンの損傷で起こる．損傷部位は皮質・皮質下，基底核，脳幹部（中脳，橋）など病変部位によってさまざまな組み合わせがありうる．皮質・皮質下では，損傷される脳の部位に応じて失語症や半側空間無視などの高次脳機能障害を伴うことが多い．臨床的に遭遇する偽性球麻痺では口腔期障害が目立ち，重度の構音障害を伴うことが多い．嚥下反射は起こりにくいが，アイスマッサージ後の空嚥下やKポイント刺激で嚥下反射が誘発され，パターンは正常である．また，スライス型ゼリーを奥舌や直接咽頭に入れると嚥下反射（咽頭期）は比較的スムーズに

表1　偽性球麻痺と球麻痺の比較

	偽性球麻痺	球麻痺
障害部位	延髄の両側上位運動ニューロン	延髄：疑核，孤束核，CPG
おもな原因	多発性脳血管障害	Wallenberg症候群
嚥下反射	起こりにくいが起こればパターンは正常	起こらないか，弱くパターンが乱れる
左右差	なし	あり，咽頭/喉頭の動き 特に食塊の咽頭通過左右差
構音障害	痙性，努力性	弛緩性，開鼻声
高次脳機能	多彩な障害あり	障害なし
唾液	涎，唾液でむせる	常時ティッシュに吐き出す

起こり，嚥下できる症例が多い．なお，筋力低下を伴うと嚥下反射が起こっても食塊は咽頭に残留してしまう．口腔期・咽頭期の各器官や組織の動きに左右差はない．口腔期の障害が目立ち，構音障害も顕著である．構音障害の特徴は痙性で努力性である．口唇の閉鎖が不良で流涎も目立つ．

一方，球麻痺は延髄の嚥下中枢（疑核，孤束核，Central Pattern Generator；CPG）が損傷されて起きる．嚥下反射がなかなか起こらず，起こってもパターンが乱れている．臨床で一番よくみる球麻痺は，Wallenberg症候群である．これは延髄外側症候群ともよばれ，延髄の片側の損傷であり，嚥下障害の臨床で遭遇する例ではADLが自立していることが多い．特徴は咽頭壁や披裂・声帯などの動きに左右差（病巣側の動きが不良）がみられることである．特に食道入口部（輪状咽頭筋）の開大に左右差があり，食塊の咽頭通過側の左右差がリハビリテーションに大きな影響を与える[9]．構音障害は比較的軽度で，失調性で弛緩性，開鼻声が目立つ．唾液が嚥下できず常にティッシュなどに喀出している患者が多い．Wallenberg症候群はChapter 11，それ以外の延髄病変による球麻痺についてはChapter 12を参照されたい．

Chapter 8の確認事項▶eラーニング スライド9対応

1 偽性球麻痺，球麻痺の特徴とそれぞれでみられる摂食嚥下障害を理解する．

▶Chapter 9　延髄以外の脳幹部病変 →（eラーニング▶スライド10）

延髄以外の脳幹病変では，原則として偽性球麻痺となるが，中脳や，橋の大きな病変では急性期に嚥下反射がまったく起こらず，球麻痺と同じ病態となる．これは脳幹全体が機能不全に陥るためと考えられる．救命された場合は延髄が損傷されていないので，重度の偽性球麻痺となる．

Chapter 9の確認事項▶eラーニング スライド10対応

1 延髄以外の脳幹病変における摂食嚥下障害の特徴を理解する．

▶Chapter 10　偽性球麻痺の VE, VF →（eラーニング▶スライド11）

典型的な偽性球麻痺の VE 像は球麻痺のそれに比べ，咽頭全体が唾液の充満なく比較的きれいにみえる．ゼリーなどを奥舌に入れると，だらりと咽頭に送り込まれ，そのまま嚥下が起こる．VF 像では舌の動きが不良で食塊は丸飲みされる．はじめは誤嚥も咽頭残留もみられないが，嚥下を繰り返し，ゼリーからとろみ食に変わると咽頭残留が目立ち始める．このように偽性球麻痺では易疲労性のために後半に残留や誤嚥が多くなることがある．

▶Chapter 11　Wallenberg（ワレンベルグ）症候群 →（eラーニング▶スライド12）

Wallenberg 症候群は延髄外側の病変で起こり，教科書的な症状としてはめまいや嚥下障害，Horner（ホルネル）症候群などとともに失調症状があり，舌（舌下神経）と四肢の運動麻痺がないこと，また，顔面交代制の温痛覚障害を呈するが，深部感覚・触覚（後索）が保たれるいわゆる感覚解離が特徴である．ただし，臨床で典型的なこれらの症状をすべて有する例は多くない．なお，舌や四肢の運動麻痺，深部感覚・触覚障害を伴う場合は，より広範囲な延髄半側病変である．食道入口部の食塊通過に左右差がみられ，VE では泡沫状の唾液が咽頭に充満している特徴的な画像がみられる．

Chapter 11の確認事項▶eラーニング スライド12対応

1 ワレンベルグ症侯群の特徴と摂食嚥下障害を理解する．

▶Chapter 12　球麻痺の VE，VF →（eラーニング▶スライド13, 14）

典型的な Wallenberg 症候群の VE 像は泡沫状の唾液が咽頭に充満していることが多い．球麻痺患者では唾液を常に咳で喀出していることが多いが，空気を含んだ泡沫状の唾液は軽いために喀出できず，咽頭を充満するように残留してしまうのである．吸引で除去している場面や，左の披裂の動きが悪いことにも注目する．

また，VE では，カーテン徴候を観察することができる．右咽頭壁の動きが不良で，咽頭後壁が左に動く（左の咽頭が収縮するために右の咽頭が左に引かれる）．右鼻咽頭の収縮も不良である．

VF の側面像では，咽頭収縮，喉頭挙上ともに不良で食塊は咽頭を通過しない様子がわかる．

VF 正面像では左右差を確認することができる．通常，咽頭，食道入口部の食塊通過に左右差があり，これを確認することが臨床上重要である．

Chapter 12の確認事項▶eラーニング スライド13, 14対応

1 球麻痺の特徴と，摂食嚥下障害を理解する．

▶Chapter 13　延髄病変と症状 →（eラーニング▶スライド15）

Wallenberg 症候群は，失調症状があるが運動麻痺は伴わず，顔面交代性の温痛覚障害を呈するが深部感覚・触覚（後索）が保たれるいわゆる感覚解離が特徴である．舌や四肢の運動麻痺，深部感覚・触覚障害を伴う場合はより広範囲な延髄半側病変である．

一方，延髄内側病変では，舌に運動麻痺が出て深部感覚・触覚が障害されるという特徴がある．

なお，両側延髄の損傷では呼吸などの生命維持機能も損傷されてしまい，嚥下障害の治療対象とならないことがほとんどである．

Chapter 13の確認事項▶eラーニング スライド15対応

1 延髄病変の特徴とそれぞれでみられる摂食嚥下障害を理解する．

文献

1）藤島一郎，谷口　洋：脳卒中の摂食・嚥下障害．第3版，医歯薬出版，東京，2017.

2）大熊るり，他：摂食・嚥下障害スクリーニングのための質問紙の開発．日摂食嚥下リハ会誌，6（1）：3-8, 2002.

3）Kawashima K, Motohashi Y, Fujishima I：Prevalence of dysphagia among community-dwelling elderly individuals as estimated using a questionnaire for dysphagia screening. Dysphagia, 19（4）：266-271, 2004.

4）Horner J, Massey EW：Silent Aspiration following stroke. Neurology, 38：317-319, 1988.

5）Ohshima F：Dysphagia caused by solitary lesion in hemispher. 12th Annual Dysphagia Research Meeting Proceeding, p231, 2003.

6）Robbins J, Levine RL：Swallowing after unilateral stroke of the cerebral cortex：preliminary experience. Dysphagia, 3：11-17, 1988.

7）Daniels SK, Foudas AL：The role of the insular cortex in dysphagia. Dysphagia, 12：146-156, 1997.

8）Hamdy S, et al.：Organization and reorganization of human swallowing motor cortex：implications for recovery after stroke. Clinical Science, 98：151-157, 2000.

9）谷口　洋，藤島一郎，大野友久，高橋博達，大野　綾，黒田百合：ワレンベルグ症候群における食塊の下咽頭への送り込み側と食道入口部の通過側の検討．日摂食嚥下リハ会誌，10（3）：2249-2256, 2006.

8 原因と病態：神経筋疾患

Lecturer ▶ 野﨑園子
わかくさ竜間リハビリテーション病院

学習目標 *Learning Goals*

- 神経筋疾患の摂食嚥下障害出現様式の違いを理解する
- 代表的疾患（下記）の摂食嚥下障害の特徴を理解する
  筋萎縮性側索硬化症，パーキンソン病，
  筋ジストロフィー，重症筋無力症

▶ Chapter 1 神経筋疾患の摂食嚥下障害の出現様式による分類

→（eラーニング ▶ スライド2）

1）比較的急速に進行するタイプ

筋萎縮性側索硬化症（ALS）が代表的な疾患であるが，病気の進行が比較的速く，進行に伴って摂食嚥下障害が出現し，数か月の経過で経口摂食が困難になる場合がある．

2）緩徐に進行するタイプ

病気の進行が比較的遅く，摂食嚥下障害の出現や進行も遅いタイプ．重要な筋疾患である筋ジストロフィー，神経変性疾患ではパーキンソン病（PD）やその類縁疾患である進行性核上性麻痺，脊髄小脳変性症あるいは多系統萎縮症などがある．経過は数年から十数年にわたる．

3）摂食嚥下障害が変動するタイプ

病態が，時間経過や治療の経過で変動し，それに伴って，摂食嚥下障害が出現したり，改善したりする．日内変動のある重症筋無力症（MG），病巣が経過とともに変化する多発性硬化症（MS），病気の進行により薬剤の有効時間が短くなり，on時間とoff時間が出現するパーキンソン病が特徴的である．

▷ Chapter 1の確認事項 ▶ eラーニング スライド2対応

1 摂食嚥下障害の出現様式ごとに，神経筋疾患を整理する．

▶ Chapter 2 筋萎縮性側索硬化症（ALS）とその摂食嚥下障害

→（eラーニング ▶ スライド3）

1）ALSの疾患概念

ALSは，50歳から60歳代に好発する運動ニューロン病である．運動神経のみを障害する原因不明の疾患で，感覚神経や自律神経には障害があまりみられず，認知機能障害（前頭側頭葉障害）は20％程度，約5％は家族歴がある．数年の経過で進行し，呼吸管理をしなければ呼吸不全や誤嚥性肺炎で死亡することが多いが，長期の経過をたどる場合もある．初発は四肢遠位筋の筋力低下が多いが，摂食嚥下障害

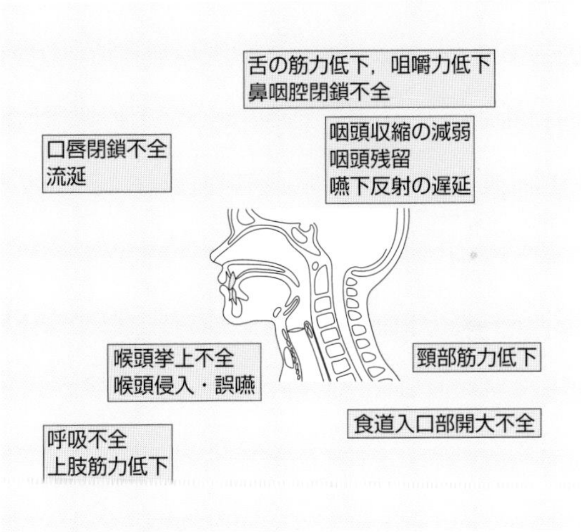

図1　ALSの摂食嚥下障害
（『DVDで学ぶ神経内科の摂食嚥下障害』より）

や構音障害などの球症状や呼吸筋麻痺が初期症状のこともあり，この場合は進行が速いといわれている．

2）摂食嚥下障害の経時的変化

摂食嚥下障害は，咽頭期障害から始まる場合と口腔期障害から始まる場合がある．症状を訴え始めた頃から，すでに食事摂取量の低下，栄養状態の低下になっていることがあるので，栄養状態と食形態の評価はALSの診断後ただちに開始する．口腔期障害では，舌の萎縮，構音障害で症状の変化を捉えやすいが，咽頭期障害は症状の変化がわかりにくいので，定期的な嚥下評価を行う必要がある．進行すると，口腔期も咽頭期もともに重度に障害される．

3）摂食嚥下障害への対策

適切な食形態を指導することは，最優先事項である．

病初期は気づかない嚥下障害もあるので，診断時に評価が必要である．ALSは，頭頸部の筋力低下が重症化するまでは代償法が有効な場合がある．口腔周囲筋や舌などは廃用症候群対策が有効なこともある．みずからの経験で，無意識に代償法を体得していることもある．その適否を正しく評価することが，患者との信頼関係の構築に重要である．咽頭期障害では，食道入口部を開きやすくする頸部肢位である頭部伸展頸部屈曲位（いわゆる頭部突出位）や，喉頭閉鎖を促し，咽頭残留を減らすように働く頭部屈曲位（いわゆる顎引き位），口腔期障害では，頭部伸展位などが応用される．VFなどで評価しながら行う．

4）呼吸不全との関係

ALSは呼吸筋麻痺による呼吸不全の進行と，摂食嚥下障害の進行は並行する．呼吸不全がみられたら，摂食嚥下障害を自覚していなくても嚥下の評価を行うことが大切である．さらに呼吸との関連で，%肺活量（%FVC，参照▶Chapter 3）が50%以下になると胃瘻造設時の合併症のリスクが高くなることが知られており，早めの対応が求められる．

5）摂食場面への介入

食事動作や摂食姿勢への配慮が重要である．自己摂食の希望が強いこともあるが，体幹や頸部の筋力低下による座位保持困難や頭位保持困難，上肢筋力低下に対応する上肢装具や食具の工夫などの問題を対応しなければならない．医療チームで連携し，適時適切な自助具や装具の検討が重要になる．

Chapter 2の確認事項▶eラーニング スライド3対応

1 ALSの特徴を理解する．
2 早期から進行期におけるALSにおいての摂食嚥下障害への対応を理解する．

▶Chapter 3 患者ごとの呼吸機能と摂食嚥下障害の経時的な経過

→（eラーニング▶スライド4）

図2は症例ごとに，%肺活量（%FVC）と摂食嚥下障害の変化の関係をみたものである．嚥下の重症度は，ALS機能評価尺度（ALS functional rating scale）の嚥下パート（sw）で評価している（**表1**）．呼吸不全と摂食嚥下障害は並行して悪化していることがわかる．ちなみにALS機能評価尺度は，ALS症例の機能障害を把握するために米国で作成された評価尺度で，言語，嚥下，身のまわりの動作，歩行などの項目で構成される．

▶Chapter 4 ALSの栄養管理

→（eラーニング▶スライド5）

早期の体重減少は生命予後に影響する．このため，病初期からの栄養管理が重要である．

栄養状態は，摂食嚥下障害の初期より不良のことがあるが，患者自身の自覚に乏しく摂食嚥下障害による栄養障害に気づかないことも少なくない．定期的な栄養評価を行い，体重減少を最小限に抑えるよう栄養管理をする．

経口摂取が不十分の場合は，早期に補助栄養を導入する．

一方，進行期で呼吸管理を行っている時期にはエネルギー消費は減少していくため，それまでの投与カロリーを続けているとエネルギー過多になるので注意する．

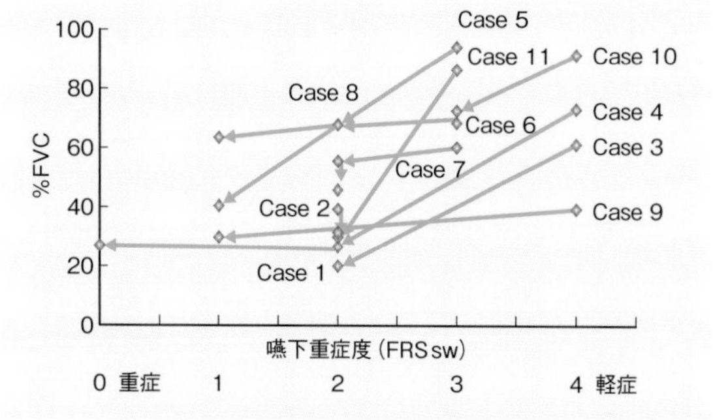

図2 ALS患者の呼吸機能と摂食嚥下障害の経時的変化
呼吸不全と摂食嚥下障害は並行して悪化する．

表1 ALS FRS sw

4	正常に近い食生活
3	嚥下困難感の自覚
2	食形態を変更
1	経口摂取がきわめて困難
0	経口摂取不可

胃瘻造設は造設時の呼吸不全悪化のリスクがあるので，%FVC 50%以上が望ましい．造設にあたっては，早めに患者・家族に利点とリスクを十分に説明し，造設を希望する場合は呼吸不全が進行する前に行う．

Chapter 4の確認事項▶eラーニング スライド5対応

1. 栄養不良は生命決定因子である．
2. 早期に栄養評価と栄養管理を開始する．
3. 呼吸管理下の進行期には，投与栄養過多に注意する．
4. 胃瘻造設時の注意点を理解する．

▶Chapter 5　ALSの摂食嚥下障害対策 →（eラーニング▶スライド6）

・早期発見と早期介入

早期には患者が自覚していない，ないしは，認めたがらないこともある．特に，摂食嚥下機能に適した食生活であるかどうかを評価する．

・残存機能を活かすリハビリテーション

廃用症候群への効果がある．代償嚥下を取り入れる．

・定期的評価

診断直後からの嚥下・栄養・呼吸の定期的評価が，早期発見につながる

・誤嚥対策

誤嚥を繰り返す場合は，誤嚥防止術も考慮し，患者に説明する．

・受容を助ける

摂食嚥下障害の進行速度に，患者の受容が追いつかないことも多いことを理解し，受容を助ける．

・味わう楽しみを尊重

味わうだけで飲み込まないなどの方法も提案．メンタルケアが重要となる．

・次に起こる障害を予測

一歩先に必要な対応を早めに提案し，補助栄養やPEG，呼吸管理の併用，誤嚥防止術などについて，患者の理解，受容を援助する．

・呼吸不全管理と摂食嚥下障害対策

呼吸不全により摂食嚥下機能が低下することもあり，対処方法についての相互の関連に十分注意する．呼吸管理を希望しない場合は，患者の意思に沿う呼吸へのサポートを行う．

Chapter 5の確認事項▶eラーニング スライド6対応

1. ALSの摂食嚥下障害対策のポイントを理解する．

▶Chapter 6　パーキンソン病（PD）の摂食嚥下障害

→（eラーニング▶スライド7, 8）

1）PDの疾患概念

PDは，中脳黒質の神経細胞が変性し，この神経細胞が産生するドーパミンが欠乏して，基底核（線状体）の機能障害をきたし，無動，安静時振戦，強剛，姿勢反射異常などをきたす緩徐進行性の神経変性疾患である．脳血管障害を除く神経筋疾患のなかでは最も患者数が多く，また，薬剤治療が有効な場合も多い疾患である．

治療薬は，レボドパ製剤（ドーパミン前駆物質）やドーパミン受容体作動薬，抗コリン剤以外にも作用機序の異なる治療薬がある．レボドパ製剤の長期にわたる使用で効果が不安定になることもあり，他の薬剤でもさまざまな副作用に注意が必要である．最近では，非経口治療薬として貼付剤や注射薬も症状に応じて使用されている．

発症は50～60歳代で，内服治療を行いながら転倒による骨折，認知症，肺炎，自律神経障害などの合併症がコントロールできれば，平均寿命は一般のそれとほぼ同じである．

PDは，口腔・咽頭筋を含めた全身の筋強剛や無動・寡動により動作の開始が遅れたり，協調性のある運動ができなくなり，また嚥下反射も低下するため，摂食嚥下障害は高率に発症する．

2）PDの摂食嚥下障害

摂食嚥下障害は，病期や重症度とはあまり関連しない場合もあり，症状が片側性でADLが自立している病初期（Hoehn-Yahr分類1度）でもみられることがある．

しかし，摂食嚥下障害の自覚に乏しく，不顕性誤嚥も少なくないので注意が必要となる．

障害は，摂食嚥下の各期にわたり多様である（**図3**）．食事動作があまり障害されていない場合や摂食嚥下障害がそれほど重度でない場合でも，低栄養状態になっていることがある．

また，パーキンソン病治療薬自体が摂食嚥下障害に影響を及ぼすこともある．Wearing-off（薬の血

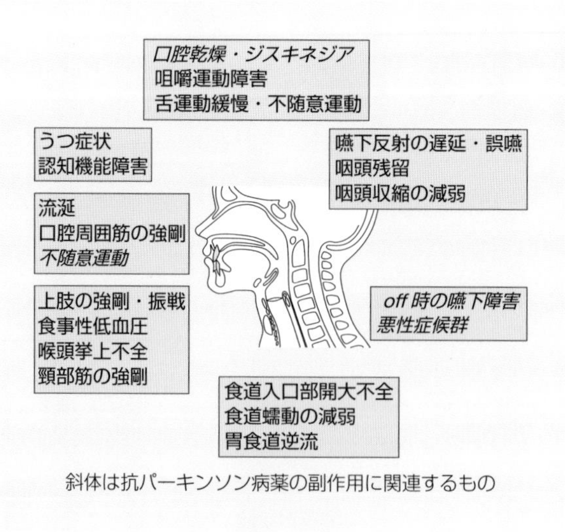

図3　パーキンソン病の摂食嚥下障害
（『DVDで学ぶ神経内科の摂食嚥下障害』より）
斜体は抗パーキンソン病薬の副作用に関連するもの

中濃度が変動し，運動機能に変動がみられること）やon-off現象（服薬時間に関係なく，突然動けなくなったり急に動き出したりすること）では，食事時間帯に「off状態」にならないように注意する．

3）PDにおける多様な障害（パーキンソン病治療薬の影響も含む）

Chapter 6の確認事項▶eラーニング スライド7, 8対応

1. PDの特徴を理解する．
2. PDにおける摂食嚥下障害への対応を理解する．

▶Chapter 7 PDの摂食嚥下障害対策 →（eラーニング▶スライド9）

PDの運動機能障害のコントロール（投薬・リハビリテーション）を行う．

自覚症状や訴えがなくても，摂食嚥下障害の疑いがあれば評価を行い，早期発見に努める．摂食嚥下障害を発見したら，まずは嚥下機能に適した嚥下調整食を提供し，ポジショニングを行う．

Wearing-offのある場合はパーキンソン病治療薬を食後服薬から食前服薬へ変更し，on状態になってから摂食するように指導するだけで，摂食嚥下状態が改善することも多い．On時間を延長させ，on時間帯に摂食させる努力をする．

内服薬の嚥下が困難なこともあり，咽頭残薬により薬効が得られない可能性もある．最近，貼付薬によっても嚥下状態が改善するという報告があり，改善した嚥下により，内服薬も服薬しやすくなるということもある．最近はoff時のレスキューとしての自己注射もあり，状態に応じて処方されている．

食事性低血圧がある場合は窒息のリスクがあるので食事中の監視を十分に行い，食後2時間程度の起立や歩行，場合によっては座位も避ける．リズム療法が有効なこともある．

悪性症候群による摂食嚥下障害では，急性期に安易に経口摂取させると誤嚥性肺炎を発症させるので，一時的に経管栄養で乗り切り回復後に嚥下機能を再評価し食事を開始する．

また，長期経過をたどるため廃用症候群への介入が必要であり，継続的なリハプランが求められる．嚥下調整食については，長期に継続できるよう，メニューの工夫や調理法の指導など介護者へのサポートが重要である．さらに長期化に伴う肺炎や栄養障害，経腸栄養剤による合併症への対策が必要である．

機能的外科手術の視床下核脳深部脳刺激法（STN-DBS）などは咽頭期は改善するとの報告がある一方，嚥下障害が改善せず，合併症として嚥下障害が出現するとの報告もある．

Chapter 7の確認事項▶eラーニング スライド9対応

1. 早期評価の必要性を理解する．
2. Wearing-offのある場合の対応の要点を理解する．
3. 悪性症候群，廃用に対する対処法を理解する．

▶Chapter 8 Wearing-offのある場合の内服（レボドパ製剤）のタイミング（図4） →（eラーニング▶スライド10）

食後服薬では，off症状の強い（摂食嚥下障害の強い）ときに食事することになり，服薬困難や誤嚥や

Wearing-offのある場合のL-dopaを食前に服用すると，
on時間帯に食事をすることができる

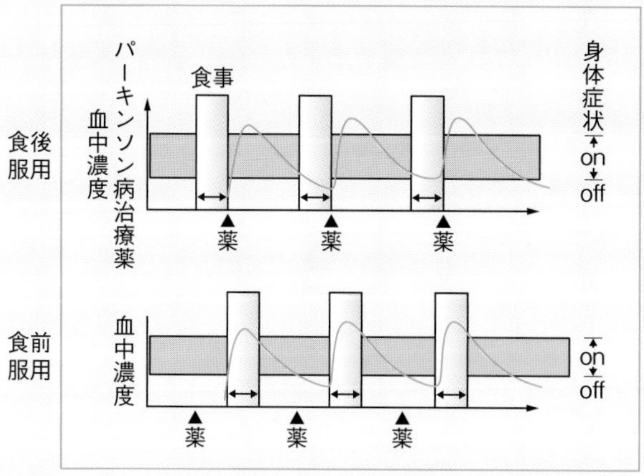

図4　Wearing-offのある場合のL-dopa食前服用と食後服用
（『神経・筋疾患　摂食嚥下障害のおつき合い』より）
L-dopaを食前に服用すると，on状態のときに食事をすることができる．

窒息のリスクがある．

食前服薬では，on状態（嚥下状態が最もよいとき）時に食事をすることが可能となる場合も多い．

▶Chapter 9　Duchenne型筋ジストロフィー（DMD）の疾患概念と摂食嚥下障害 → （eラーニング▶スライド11）

DMDは，筋の細胞骨格タンパクであるジストロフィンの欠損により，筋細胞が変性・壊死をする疾患である．伴性劣性遺伝疾患の疾患で，男児に発症する．3歳児健診では歩行の獲得は正常に比し若干遅れる程度であるが，就学前によく転ぶ，走るのが遅い，飛び降りができないなどの症状を呈す．障害は進行し，10歳頃には歩行困難，20歳前後で呼吸不全が出現し，人工呼吸器管理が必要になる．

摂食嚥下障害の発症は，10歳代に出現する口腔期の異常からはじまり，20歳頃より咽頭期障害が出現する．

DMDの障害像（**図5**）は，摂食嚥下では咬合不全，巨舌による咀嚼障害は10歳代より認められ，口腔内の食塊移送障害がみられる．緩徐進行性のため，患者自身が食事に支障を感じるのは，病期が進んでからである．また，障害を認めたくないという患者心理もある．年齢が進むと最終的には咽頭収縮筋力の低下，喉頭挙上不全で誤嚥窒息のリスクが生じてくる．開口障害などは廃用やアライメント異常の要素もあるため，顎関節の可動域訓練で，咬合力を改善させるという報告もある．そのほか，体幹筋力の低下で脊柱の側弯が顕著となり，また，座位が困難になり，四肢や近位筋優位の筋力低下で，食事動作が障害される．経過中に呼吸筋も障害され，鼻マスクにより非侵襲的間歇的陽圧呼吸療法（NIV）を開始することが多い．呼吸不全初期では夜間のみ人工呼吸器を装着し日中は外すことができるが，食事中には呼吸に負担がかかりSpO_2が低下することがある．

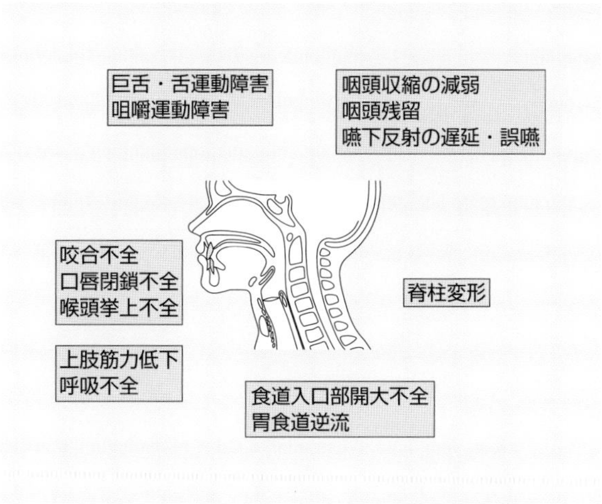

図5 Duchenne型筋ジストロフィーの摂食嚥下障害
（『DVDで学ぶ神経内科の摂食嚥下障害』より）

Chapter 9の確認事項 ▶ eラーニング スライド11対応

1 DMDの特徴を理解する．

Chapter 10 DMD摂食嚥下障害対策のポイント → (eラーニング ▶ スライド12)

DMDでは，10歳代半ばより咬合障害や巨舌など口腔期の異常が出現し，さらに20歳代より咽頭筋力低下により咽頭期障害が出現するので，初期から中期には水分の嚥下は比較的良好であり経腸栄養剤にて補助栄養対策をとる．

緩徐に進行するため摂食嚥下障害に患者自身が気づきにくいので，注意深い観察が必要である．

また，脊柱の変形や上肢筋力低下による摂食嚥下障害があり，頻拍や体動が目立つときは疲労に注意しポジショニング調整を行う．

呼吸不全は嚥下状態に影響を及ぼす．呼吸不全初期においては，夜間のみ呼吸器を装着し，日中は外していることが多いが，食事中に呼吸に負担がかかると SpO_2 が低下することがあり，この場合は呼吸器を装着して摂食する，または食事の直前に呼吸器装着により呼吸を整えることが望ましい．

Chapter 10の確認事項 ▶ eラーニング スライド12対応

1 DMDの初期から中期では，経腸栄養剤で補助栄養対策をとる．
2 摂食時の障害に対しては，ポジショニング調整で対応する．
3 呼吸不全は嚥下状態に影響するため，呼吸器を効果的に用いる．

表2　筋強直性ジストロフィーの摂食嚥下障害の特徴

1) 不顕性誤嚥が多い．
2) 誤嚥・窒息が予後に影響を及ぼしていると考えられる．
3) 病初期より液体の嚥下障害のほうが重篤である（初期のDMDとの違いに注意する）．
4) 摂食行動異常などの先行期障害・不正咬合などの準備期障害・鼻咽腔閉鎖不全などの口腔期障害・咽頭残留誤嚥などの咽頭期障害・食道拡張などの食道期障害など，すべてのプロセスにおいて障害される．

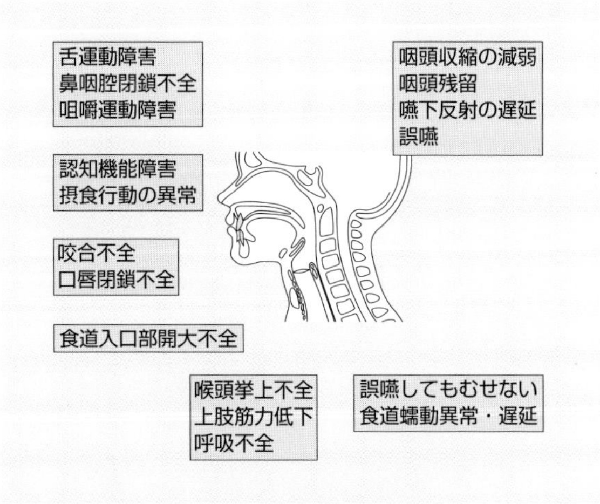

図6　筋強直性ジストロフィーの摂食嚥下障害
（『DVDで学ぶ神経内科の摂食嚥下障害』より）

▶ Chapter 11　筋強直性ジストロフィー（MD）の摂食嚥下障害（表2, 図6）

→（eラーニング▶ **スライド13**）

MDは成人発症の筋緊張症（ミオトニア）や筋力低下を示す疾患で，その他，認知症や内分泌症状など多彩な症状を示す．摂食行動異常などの先行期障害，口唇閉鎖不全，舌運動障害，不正咬合などの咀嚼運動障害，鼻咽腔閉鎖不全などの準備期・口腔期障害，咽頭筋力低下，咽頭残留・誤嚥，嚥下反射遅延などの咽頭期障害，食道拡張・食道蠕動の低下などの食道期障害など，すべてのプロセスが障害されうるが，DMDに比して液体の誤嚥の危険が非常に高いのが特徴である．さらに，口にほうばって食べるなどの摂食行動異常がある場合や摂食嚥下障害の病識が乏しい場合が多いので食事中の窒息のリスクが高く，これらによる呼吸器合併症が予後に影響を及ぼす．

Chapter 11の確認事項▶ **eラーニング スライド13対応**

1 MDの特徴と摂食嚥下障害を理解する．

▶ Chapter 12　MDの摂食嚥下障害対策のポイント →（eラーニング▶ **スライド14**）

前述のとおりMDは不顕性誤嚥が多く，突然の誤嚥・窒息で緊急入院することがあるので平素の教育が必要である．次々に口に頬張るなどの摂食行動異常は窒息リスクを高めるので，在宅療養における指導は重要である．

また，DMDに比して病初期より液体の嚥下障害のほうが重篤であることに注意する．自立しているようにみえる口腔ケアなども，筋力低下などに伴い不十分になってくるので，定期的チェックが必要である．

さらに，呼吸不全による影響を見逃さないようにも注意する．

Chapter 12の確認事項▶eラーニング スライド14対応

1. MDでは不顕性誤嚥が多いことに注意し，摂食行動の異常は窒息リスクを高めることを理解する．
2. DMDに比べ病初期より液体の嚥下障害が重要である．口腔ケアの実施具合，呼吸不全の影響などにも留意する．

▶Chapter 13　重症筋無力症（MG）の摂食嚥下障害の特徴（図7）

→（eラーニング▶スライド15）

MGは，神経筋接合の自己抗体（抗Ach受容抗体・抗Musk抗体）によって，運動神経の神経伝達が起こりにくくなり，疲労現象がみられる疾患である．日内変動や疲労の影響があり，朝によく夕に悪い，運動を持続すると力が入りにくくなり，休むと改善するといわれているが，ときに夕方や運動後筋力改善がみられることがある．食べ始めよりも食事の後半で食事が困難になる場合と，食事後半のほうが摂食状態が良好な場合があることに注意が必要である．

Chapter 13の確認事項▶eラーニング スライド15対応

1. MGの特徴と摂食嚥下障害を理解する．

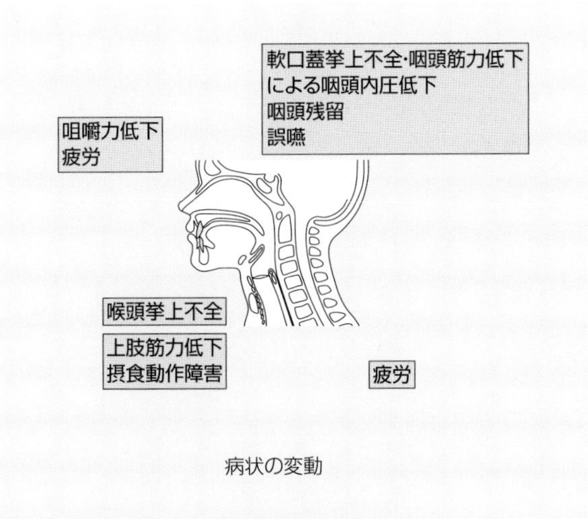

図7　重症筋無力症の摂食嚥下障害の特徴
（『DVDで学ぶ神経内科の摂食嚥下障害』より）

▶Chapter 14 MGの摂食嚥下障害対策 → (eラーニング▶スライド16)

変動する病状に合わせたタイムリーな対応と患者教育が必要である.

摂食嚥下の疲労現象を早期に発見する. 増悪時やクリーゼのときは, 原則として経口摂取は中止する. 寛解する可能性があるので, 食べることを焦って肺炎・窒息を起こさないよう指導する. また, 再開時の再評価も重要となる.

誤嚥はMGの症状全体を悪化させることに留意する.

嚥下障害悪化の先行サイン(しゃべりにくい, 鼻声, のどの違和感, 水分が鼻へ逆流など)に注意する.

Chapter 14の確認事項▶eラーニング スライド16対応

1 MGの特徴と摂食嚥下障害を理解する.

参考文献

1) 湯浅龍彦, 野﨑園子編著：神経・筋疾患　摂食・嚥下障害とのおつきあい—患者とケアスタッフのために. 全日本病院出版会, 東京, 2007.

2) 野﨑園子, 市原典子編著：DVDで学ぶ神経内科の摂食嚥下障害. 医歯薬出版, 東京, 2014.

3) 野﨑園子編著：病院と在宅をつなぐ 脳神経内科の摂食嚥下障害—病態理解と専門職の視点—. 全日本病院出版会, 東京, 2018.

4) 日本神経学会監修：筋萎縮性側索硬化症 診療ガイドライン 2013. 南江堂, 東京, 2013.

5) 日本神経学会監修：パーキンソン病 診療ガイドライン 2018. 医学書院, 東京, 2018.

6) 日本神経学会, 日本小児神経学会, 国立精神・神経医療研究センター監修：デュシェンヌ型筋ジストロフィー診療ガイドライン 2014, 南江堂, 東京, 2014.

7) Takahashi MP, Matsumura T ed.：Myotonic Dystrophy Disease Mechanism, Current Management and Therapeutic Development. Springer, Berlin, 2018.

8) 日本神経学会監修：重症筋無力症診療ガイドライン 2014, 南江堂, 東京, 2014.

9 頭頸部癌による嚥下障害

Lecturer ▶ 藤本保志
愛知医科大学医学部耳鼻咽喉科学講座教授

学習目標 *Learning Goals*

- 頭頸部癌の特徴を知る
- 口腔・咽頭・喉頭にできる癌による障害を理解する
- 放射線治療による嚥下障害の特徴を理解する
- 頭頸部癌の代表的な手術方法を理解する
- 頭頸部癌の手術後の嚥下障害の特徴を理解する

▶ Chapter 1 頭頸部癌（表1）→（eラーニング▶スライド2）

頭頸部癌とは，首から上にできる癌の総称である（脳は除く）．解剖学的部位はそれぞれ近接しているが，多くの臓器が存在し，それぞれが重要な機能をもっている．

進行癌であっても，手術が可能な場合には5年生存率が高い（たとえば舌進行癌の5年生存率は50～70％；Ⅲ期，Ⅳ期）．そのため，治癒を目標に集学的治療（手術＋放射線治療＋化学療法を組み合わせる治療）が選択されることが多い．治療後の障害への対応が重要で，cancer survivorとしての生活機能，QOLを重視する必要がある．

頭頸部癌で最も頻度の高い組織型は扁平上皮癌であり，放射線治療/化学療法の感受性がよい．そのため，臓器温存治療として化学放射線治療を選択し，手術を避ける方針が選択されることがある．また，手術も機能を温存すべく縮小手術や再建手術が進歩してきた．

▷ Chapter 1の確認事項 ▶ eラーニング スライド2対応

1 頭頸部癌の特性と治療目標の設定について理解する．

表1　頭頸部癌（head and neck cancer）の特徴

発生部位によって次のように分類される．
鼻・副鼻腔癌（上顎癌，鼻腔癌など）・口腔癌（舌癌，口腔底癌など）
咽頭癌（上咽頭癌，中咽頭癌，下咽頭癌）・喉頭癌・唾液腺癌・甲状腺癌など．
生活の質，生活機能に直接かかわることが多い
癌が周囲に浸潤すると，隣接する臓器の働きも障害を受けやすい．
視覚，嗅覚，聴覚，味覚などの感覚器が近接しており，障害を受けやすい．
呼吸機能，嚥下機能，音声機能などの障害を受けやすい．
顔面・頸部の体表に近く，外見上の変化を伴いやすい．
進行癌でも手術治療の成績がよい（舌癌：50～70%，III，IV期）
ただし，術後の機能障害（嚥下機能，音声機能）や外見上の問題が大きい．
臓器温存治療として，放射線治療も有力であり，化学療法（抗癌剤治療）との併用により成績が向上した．
手術治療では機能温存手術（縮小手術）・再建手術が進歩してきた．

表2　頭頸部癌による嚥下障害

"癌" であること
・生命予後への不安
・再発への不安：痛みやむくみ，腫れなどについても敏感
治療前の障害，腫瘍そのものによる障害
・大きな腫瘍による気道狭窄，舌運動障害など，腫瘍そのものによって嚥下機能，咀嚼機能，構音機能，呼吸などが脅かされる．
治療法により障害が異なる
・放射線治療による障害
・手術による障害
・制御困難な場合（再発，残存）の障害

▶Chapter 2　頭頸部癌による嚥下障害（表2）→（eラーニング▶スライド3）

癌治療あるいは癌によって嚥下障害をきたしているが，患者は障害と同時に，癌患者であることを受け入れなければならない．リハビリテーション中であっても生命への不安，再発のおそれをいだく患者は多く，訓練中の痛みやちょっとした変化も再発ではないかと不安の原因になることもある．

嚥下障害への対応は放射線治療による障害，手術による障害，腫瘍そのものによる障害の三つに分けて整理し，理解する必要がある．

Chapter 2の確認事項▶eラーニング スライド3対応

1 頭頸部癌による嚥下障害への対応法を整理する．

▶Chapter 3　放射線治療による嚥下障害（その1）（表3）→（eラーニング▶スライド4）

頭頸部領域への放射線治療は，嚥下機能に大きく影響する．放射線照射の範囲や線量によって障害の程度は変化するため，治療内容を確認することが望ましい．たとえば唾液腺（唾液分泌低下[1)]），舌（味覚障害），舌・舌根・咽頭壁（筋力低下），喉頭・咽頭（感覚低下[2)]，知覚鈍麻）などが複合して嚥下機能を低下させる．嚥下造影の解析から，口腔・咽頭通過時間や残留率などに関する所見は有意に低下がみられると報告されている[3)]．

抗癌剤を併用すると治療効果に相乗効果が得られ，臓器温存率，治癒率の向上をはかることができる．化学放射線治療は臓器温存治療として有力であるが，治療中の疼痛・粘膜炎などによる嚥下障害[4)]が避けられない．

また，栄養摂取を重視して胃瘻造設を前提とすることがある．放射線治療開始後早期から胃瘻に依存しすぎると廃用をきたし，また，照射による筋力低下が著しいと治療終了後も胃瘻に依存することになる危険をはらんでいる．胃瘻を造設しても，できるだけ経口摂取を維持する努力と治療前からのリハビリテーションが重要である．

Chapter 3の確認事項▶eラーニング スライド4対応

1 放射線治療が嚥下機能にどのように影響するのかを理解する．
2 抗癌剤併用，胃瘻造設などの治療オプションがどのような影響をもたらすかを理解する．

表3　放射線治療による嚥下障害

唾液分泌低下

・放射線化学療法後に唾液分泌は有意に低下し，摂取食品の選択を要する．

嚥下造影の解析から

・口腔通過時間，咽頭通過時間，口腔残留率，OPSE (Oro-Pharyngeal Swallowing Efficiency) などに関する所見は放射線治療後には有意に低下が認められる．(3，6，12か月後)

化学療法の追加で増悪

・放射線治療単独よりも化学療法併用放射線治療では嚥下障害はより顕著となる．

気道防御

・喉頭への放射線治療後は喉頭感覚低下をきたし，咳反射減弱がみられ，不顕性誤嚥のリスクが増大する．

・下咽頭癌や中咽頭癌に対する化学放射線治療後の嚥下障害により，胃瘻に依存したままであったり，治療終了後しばらくしてから誤嚥性肺炎を繰り返すなど晩期合併症としての障害がみられることがある．

・放射線治療を受けた領域 (照射野) を確認することが重要である．

▶Chapter 4　放射線治療による嚥下障害（その2）→ (eラーニング▶スライド5)

図1は，放射線治療後の典型的な嚥下造影所見である[5)]．不顕性誤嚥，喉頭挙上の遅れによる誤嚥，咽頭クリアランス低下による咽頭残留などの所見がみられる．

▶Chapter 5　手術後の嚥下障害の特徴（表4）→ (eラーニング▶スライド6)

手術による嚥下障害の特徴[6)]は，

① 手術前から予測可能である

② 切除や再建による解剖学的変化が最大の原因である

③ 手術前や手術後の放射線治療や加齢の影響を受ける

ことなどである．

近年は，高齢者の癌治療が増えている．高齢者でも手術前には通常どおり経口摂取でき，栄養摂取・嚥下能力に問題は生じていないことが多いが，加齢による潜在的な嚥下機能低下は手術や放射線治療による負荷がかかったときに顕在化しやすい．治療前の機能評価も重要である．

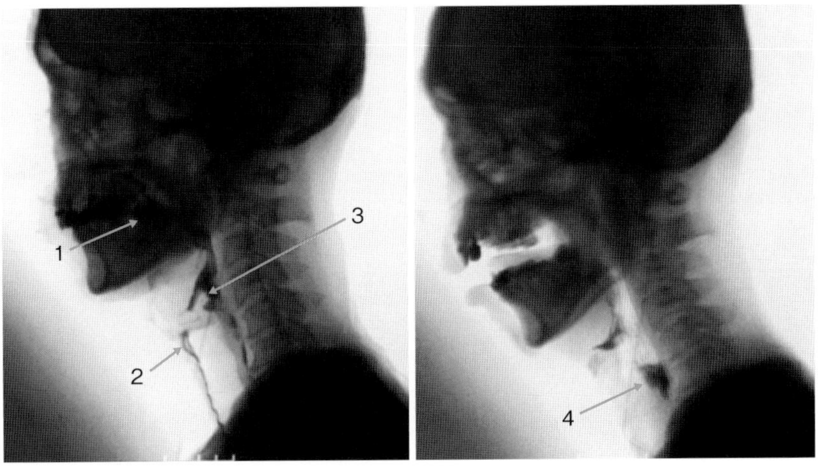

図1　中咽頭癌の化学放射線治療後の嚥下障害例
嚥下造影にて特徴的な所見を示す．
1．舌根の後方運動の減弱，2．不顕性誤嚥，3．喉頭挙上制限，4．咽頭残留

表4　手術後の嚥下障害の特徴

手術後であること
- 手術前からある程度の予測ができる
  - ・手術前の説明と同意が大切
  - ・手術前に覚悟ができるか？

解剖学的変化が最大の原因である
- ・意識清明である
- ・先行期には問題ない
- ・切除による構造の変化→不可逆的障害
  - 正常な構造ではなくなっている
  - どのように代償するか？
- ・切除に伴う一時的な変化
  - 温存した神経の一時的な麻痺
  - 浮腫や腫脹，瘢痕による運動制限

術前あるいは術後の放射線治療の影響

加齢の影響

表5　口腔癌（舌癌，口腔底癌など）

口腔癌
- 舌癌，口腔底癌，頬粘膜癌，上歯肉癌，下歯肉癌，口蓋癌
  （頭頸部癌取り扱い規約）

切除範囲の確認が必要
- 舌，口腔底，舌骨上筋群
- 下顎骨，上顎骨
- 舌下神経，舌神経，顔面神経下顎縁枝

舌の欠損の分類
- 部分切除，半切除，亜全摘，全摘
- 可動部全摘と全摘（＝舌根を含めて全摘）
- 可動部舌とは有郭乳頭の前をいう．
- 舌根部は中咽頭前壁を意味する．

舌骨上筋群の切除，温存
- 喉頭を挙上するしくみの要；両側切除後は喉頭を自力で挙上できない
  →喉頭挙上術の絶対適応

Chapter 5の確認事項▶eラーニング スライド6対応

1 手術による嚥下障害の特徴を理解する．

▶Chapter 6　口腔癌の嚥下障害 →（eラーニング▶スライド7）

口腔癌は原発部位によって多くの呼称に分かれるが（**表5**），嚥下障害のリハビリテーションを考えるときには機能障害に関連する部位がどこかを確認することが重要である．特に，舌下神経（舌の運動）や顔面神経下顎縁枝（下口唇の運動）の温存の有無，舌の切除範囲が重要である．舌骨上筋群（顎二腹筋，オトガイ舌骨筋など）が両側障害されると，舌骨・喉頭の挙上ができなくなる．

Chapter 6の確認事項▶eラーニング スライド7対応

1 口腔癌にかかわる摂食嚥下リハビリテーションのポイントを理解する．

2 口腔癌にかかわる摂食嚥下リハビリテーションを考える際に特に重要なものは何かを理解する．

▶Chapter 7　舌半切後の手術野 →（eラーニング▶スライド8）

図2は，口腔底癌による可動部舌半切，頸部郭清術の手術所見である．

術後の機能障害は，切除される部位が担当している機能が失われることによる．したがって，切除部位とその大きさ，合併切除される組織によって障害の現れ方はさまざまである．可動部舌，舌根（中咽頭前壁），下顎骨の切除の状況を把握することが重要である[7]．

Chapter 7の確認事項▶eラーニング スライド8対応

1 術後の機能障害を把握するためのポイントを理解する．

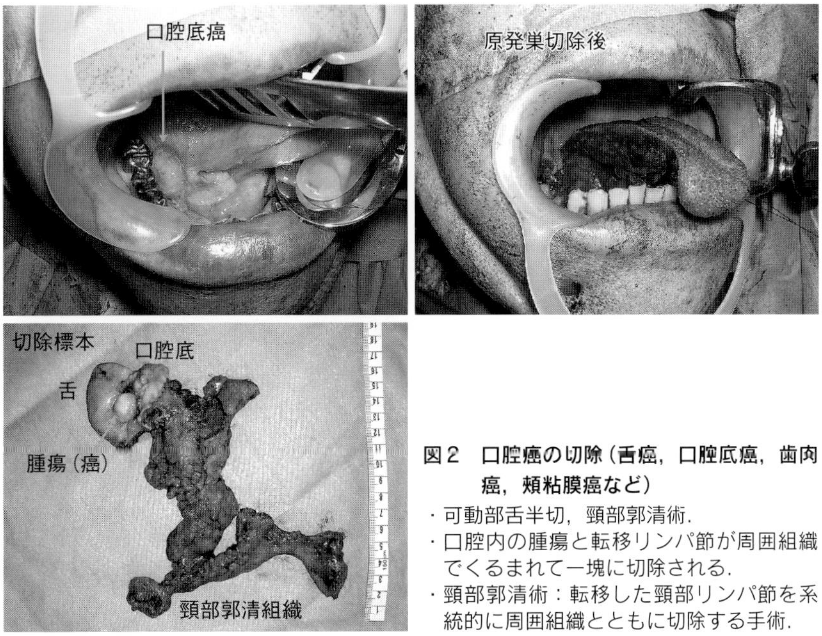

図2　口腔癌の切除（舌癌，口腔底癌，歯肉癌，頬粘膜癌など）

- 可動部舌半切，頸部郭清術．
- 口腔内の腫瘍と転移リンパ節が周囲組織でくるまれて一塊に切除される．
- 頸部郭清術：転移した頸部リンパ節を系統的に周囲組織とともに切除する手術．

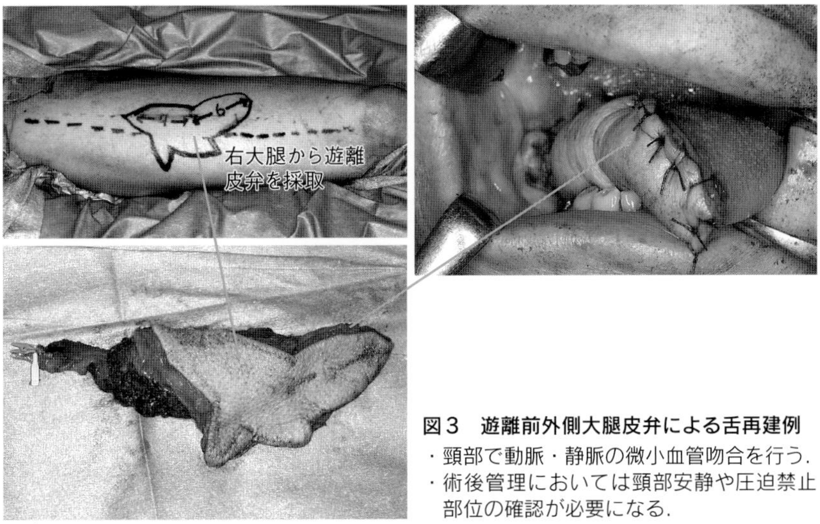

図3　遊離前外側大腿皮弁による舌再建例

- 頸部で動脈・静脈の微小血管吻合を行う．
- 術後管理においては頸部安静や圧迫禁止部位の確認が必要になる．

Chapter 8　遊離組織移植 →（eラーニング▶**スライド9**）

遊離組織移植は，頭頸部癌の再建において欠かせない技術である．図2につづいて，遊離前外側大腿皮弁によって舌が再建されている写真を示す（**図3**）．この症例は常食摂取が可能となっている．頸部で動脈・静脈の微小血管吻合が行われる．術後管理においては血管吻合部の周辺を愛護的に扱う必要があるので，頸部安静や圧迫禁止部位の確認が必要になる．

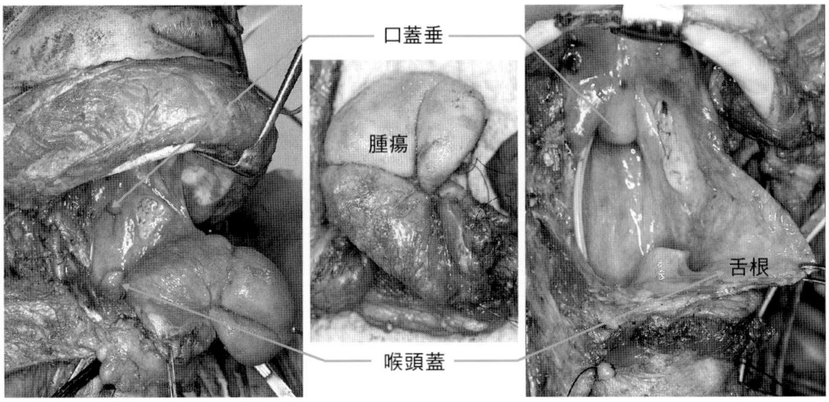

図4　進行した舌癌の切除
20歳男性，舌癌．舌根（中咽頭前壁），右中咽頭側壁に広範囲に浸潤していた．舌亜全摘を施行（左舌根が一部温存された）．遊離腹直筋皮弁により再建され，喉頭挙上術と輪状咽頭筋切除術が追加された．

Chapter 8の確認事項 ▶ **eラーニング スライド9対応**

1 遊離組織移植の留意点を理解する．

▶ Chapter 9　進行した舌癌の切除 → （eラーニング ▶ **スライド10**）

広範囲の舌根切除は，嚥下障害のリスクファクターとして最も重要である[8,9]．**図4**では遊離腹直筋皮弁によって舌が再建され，輪状咽頭筋切除術と喉頭挙上術[10]が追加された．

全粥食が摂取でき退院したが，その後，カツ丼が食べられるようになった．咀嚼力は弱く，小さくして食べるなどの工夫は必要である．術後4年経過し，再発はない．

▶ Chapter 10　中咽頭癌の切除 → （eラーニング ▶ **スライド11**）

図5は，中咽頭癌の切除の術野である．下顎骨が翻転されて舌根から中咽頭側壁の切除がされている．下顎骨は切除後にもとの位置に戻される．腫瘍の進展によって舌下神経が切除されれば舌運動の障害がみられるし，上喉頭神経が切断されると喉頭感覚の低下をきたす．この症例ではいずれも温存され，舌運動等は良好であった．

中咽頭切除術後に問題となりやすいのは，

① 鼻咽腔閉鎖
② 開口障害

である．

Chapter 10の確認事項 ▶ **eラーニング スライド11対応**

1 中咽頭切除術にかかわる問題点，留意点を理解する．

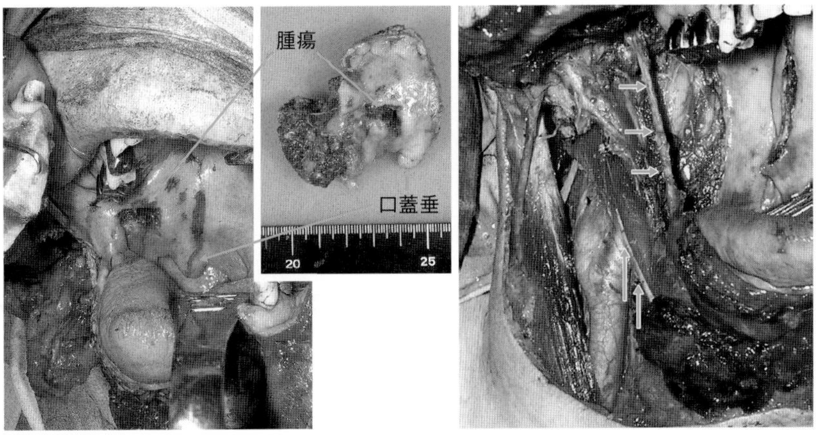

図5　中咽頭癌（側壁癌）の切除
下顎正中離断法．切除された組織を中央に示す．軟口蓋1/2（口蓋垂含む），側壁，後壁の一部が切除された．右図は切除完了後である．舌神経（→），舌下神経（↑）は温存されている．

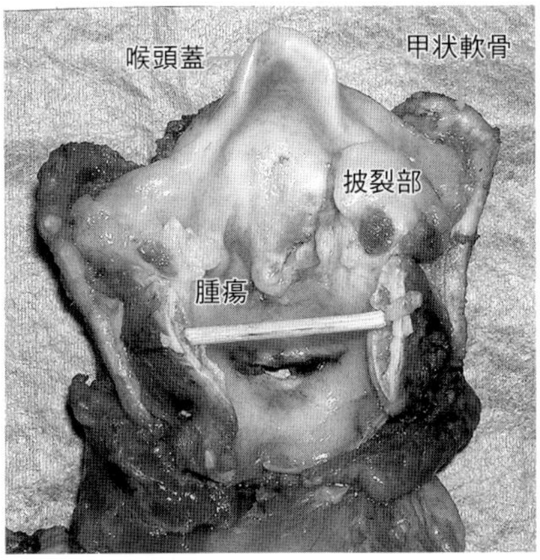

図6　全摘された喉頭
声帯は腫瘍に置きかわっている．

▶Chapter 11　喉頭癌/下咽頭癌治療と嚥下障害（その1）（図6）

→（eラーニング▶**スライド12**）

喉頭癌や下咽頭癌においては，喉頭/下咽頭病変の局在，あるいは進行度により治療方針の選択肢を決定するが，進行癌では音声機能喪失と永久気管孔を伴う喉頭全摘を受け入れられるか否かが問題である．

喉頭を全摘すると音声を喪失し，永久気管孔ができるが，誤嚥するリスクはなくなる．

音声は，訓練によって，あるいは発声補助のための手術（TEシャント）の追加などにより再獲得が可能である．

喉頭全摘後の嚥下障害が起きるとしたら，1）咽頭縫合部の狭窄や空腸移植後の吻合部狭窄，2）喉頭全摘に加えて広範囲中咽頭壁切除を要した場合の鼻咽腔閉鎖不全，3）舌下神経の合併切除などによる口腔からの送り込み障害などが原因となる．

Chapter 11の確認事項▶**eラーニング スライド12対応**

1 喉頭，下咽頭の進行癌における問題を整理する．
2 喉頭全摘に伴う問題点，喪失音声回復のポイントを理解する．

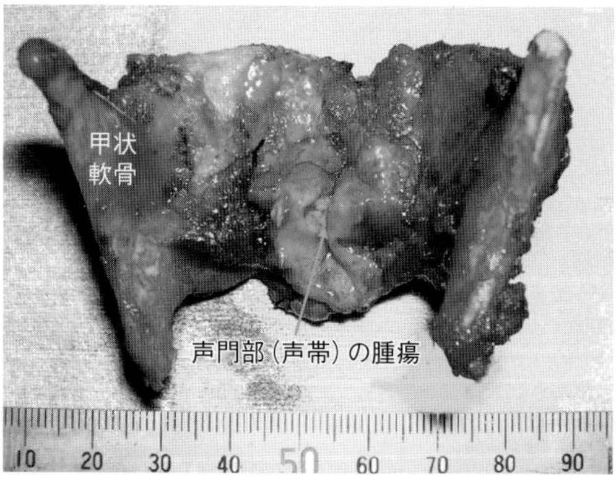

図7　喉頭亜全摘術
SupraCricoid Partial Laryngectomy Crico-Hyoid-Epiglot Pexy(SCPL-CHEP)
気管孔なし．声を温存．
舌骨/輪状軟骨，披裂部は温存される術式．

▶Chapter 12　喉頭癌/下咽頭癌治療と嚥下障害（その2）

→（eラーニング▶スライド13）

図7は，喉頭亜全摘の切除標本写真である．永久気管孔がなく，音声は確実に温存できる利点があるが，嚥下障害への注意が必須である．

治療開始前から治療後の障害について予測し，説明と同意を得る必要がある．リハビリテーションは障害の予測に基づいて治療開始時から介入したほうがよい．

▶Chapter 13　喉頭癌/下咽頭癌治療と嚥下障害（その3）（表6）

→（eラーニング▶スライド14）

喉頭亜全摘以外にも，喉頭半切除，亜全摘術は術式のバリエーションが多いが，共通してみられる嚥下障害の病態は，①声門閉鎖不全，②喉頭挙上制限，③喉頭感覚低下などである[11]．

術後の訓練としては，Shaker法など喉頭挙上を強化する訓練，あるいは声門閉鎖改善のためには息こらえ嚥下法が基本となる．声門閉鎖に加えて舌根後方運動を強調するために，アンカー強調嚥下法や前舌保持嚥下法なども有効なことが多い．

放射線治療後の再発例の手術や高齢者では特に不顕性誤嚥が問題となりやすい．

▷ Chapter 13の確認事項▶eラーニング スライド14対応

1. 喉頭亜全摘等でみられる嚥下障害の病態を理解する．
2. 術後訓練の選択肢を整理する．

▶Chapter 14　手術後嚥下障害への対応（表7）→（eラーニング▶スライド15）

手術前には，切除範囲とそれをもとに再建計画が立てられている．その段階である程度の機能障害が予測できるので，事前に訓練法を紹介することは訓練の導入を円滑にする．

手術直後は嚥下訓練よりも誤嚥予防と安全な気道確保が重要である．口腔ケア，咽頭衛生はこの時期も重要となる．

訓練開始前には手術の内容をもとに機能評価を行い，訓練計画を立てる．

創治癒とともに訓練は開始できる．病態と重症度に応じて段階的に行うが，気管切開があっても積極

表6　喉頭癌・下咽頭癌治療と嚥下障害

喉頭部分切除・半切除・亜全摘と機能温存
癌のない部分をできるだけ残す術式である.
　癌の存在部位や進展／浸潤の度合いによって術式にバリエーションが出る
残った部分で呼吸と嚥下
　・不完全な声門閉鎖
　・→息こらえ嚥下法など声門閉鎖を強化する訓練の実施
　・喉頭挙上運動障害
　　→ Shaker法など喉頭挙上を強化する訓練の実施
　口腔機能は通常，正常である
　不顕性誤嚥の存在に注意！
　・放射線治療後再発例，残存例
　・高齢
　・上喉頭神経の切除

表7　頭頸部癌手術後の嚥下障害への対応

対策は手術前から
　切除範囲と再建法を正確に計画し，機能低下の程度を予測する.
　口腔衛生の徹底と指導
　手術後に必要となる訓練法を患者に紹介する
周術期の管理
　気管切開の有無の確認．気管切開がない場合には気道狭窄にも留意し，痰の喀出の可否に細心の注意を払う.
　口腔・咽頭の保清
　観察と評価
　　術式の再確認：切除組織，再建方法を確認する
　　温存組織の可動性，知覚の状況を評価する
　　　残存舌/舌根の可動性，鼻咽腔閉鎖
　　　顔面神経下顎縁枝や舌下神経，迷走神経などの麻痺の有無
創が治癒したら訓練開始
　間接訓練/段階的摂食訓練
　気管切開があっても並行して開始可能

的に訓練を行う.

Chapter 14の確認事項 ▶ eラーニング スライド15対応

1 術後の嚥下障害に対するポイントを整理する.

文　献

1) Logemann JA, Pauloski BR, Rademaker AW, et al.：Swallowing disorders in the first year afterr radiation and chemoradiation. Head Neck, 30：148-158, 2008.
2) Ozawa K, Fujimoto Y, Nakashima T：Changes in laryngeal sensation evaluated with a new method before and after radiotherapy. Eur Arch Otorhinolaryngol, 267：811-816, 2009.
3) Pauloski BR, Rademaker AW, Logemann JA, et al.：Speech and swallowing in irradiated and nonirradiated postsurgical oral cancer patients. Otolaryngol Head Neck Surg, 118：616-24, 1998.
4) Salama JK, Stenson KM, List MA, et al.：Characteristics associated with swallowing changes after concurrent chemotherapy and radiotherapy in patients with head and neck cancer. Arch Otolaryngol Head Neck Surg, 134 (10)：1060-1065, 2008.
5) 藤本保志，小澤喜久子，安藤　篤，他：中咽頭癌治療後の嚥下障害．気食，61 (2)：188-190，2010.
6) 藤本保志，中島　務，長谷川泰久：頭頸部癌手術後嚥下障害の予防と対応．JOHNS, 19：445-450，2003.
7) 藤本保志，中島　務：リハビリテーション―舌癌治療と構音嚥下機能．MB ENT, 70：61-69，2006.
8) 藤本保志，長谷川泰久，松浦秀博，中山　敏，加藤久和：舌癌根治切除・再建術後の嚥下機能―病態とその対策. JOHNS, 16 (4)：637-642，2000.
9) Pauloski BA, Redemaker AW, Logemann JA, et al.：Surgical variables affecting swallowing in patients treated for oral/ oropharyngeal cancer. Head Neck, 26：625-636, 2004.
10) Fujimoto Y, Hasegawa Y, Yamada H, et al.：Swallowing function following extensive resection of oral or oropharyngeal cancer with laryngeal suspension and cricopharyngeal myotomy. Laryngoscope, 117：1343-1348, 2007.
11) 藤本保志，岩田義弘，小澤喜久子，安藤　篤，三宅真理子，中島　務：喉頭癌音声温存術式の音声・嚥下機能の比較. 喉頭，19 (2)：70-74，2007.

10 加齢と摂食嚥下機能

Lecturer ▶ 植松　宏[1)]，山脇正永[2)]

1) 東京医科歯科大学名誉教授
2) 京都府立医科大学大学院医学研究科総合医療・医学教育学教授

学習目標 *Learning Goals*

- 高齢者の摂食嚥下にかかわる問題を知る
- 加齢による形態と機能の変化と，その影響がわかる

▶Chapter 1　はじめに → (eラーニング ▶ スライド1)

高齢者は摂食嚥下障害の有無が大きな問題となる．それは高齢者の健康を維持するために栄養を摂取することが必須であるにもかかわらず，摂食嚥下障害があると食べたくても食べられない状況が生じるからである．また，老後の数少ない楽しみを奪う要因ともなる．ここでは高齢者の摂食嚥下にかかわる問題と摂食嚥下機能の加齢変化について解説する．

▶Chapter 2　高齢者の食欲低下 → (eラーニング ▶ スライド2)

歳をとると食が細くなるという（**図1**）．食欲の低下は生理的な加齢変化に基盤がある．なお，食欲の日内変動リズムも変化し，高齢者では朝昼は食欲が旺盛で，夕食は食欲がなくなる人が多い．夕食に力を入れる献立は，人によっては考え直す必要があるだろう．

Chapter 2の確認事項 ▶ eラーニング スライド2対応

1 加齢と食欲の変化を理解する．

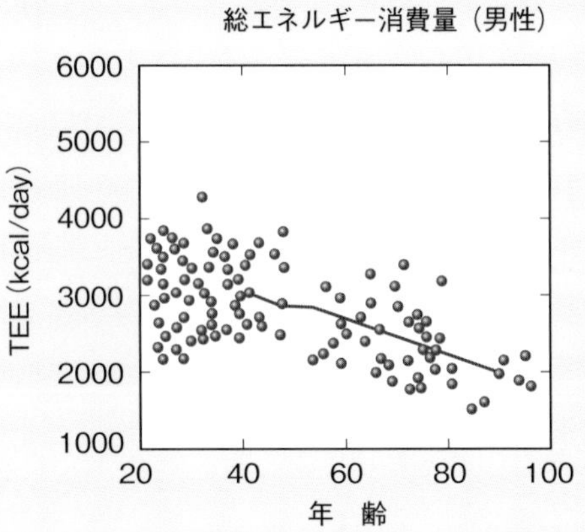

図1　総エネルギー消費量と年齢
(Roberts, et al., 2005.[1)])

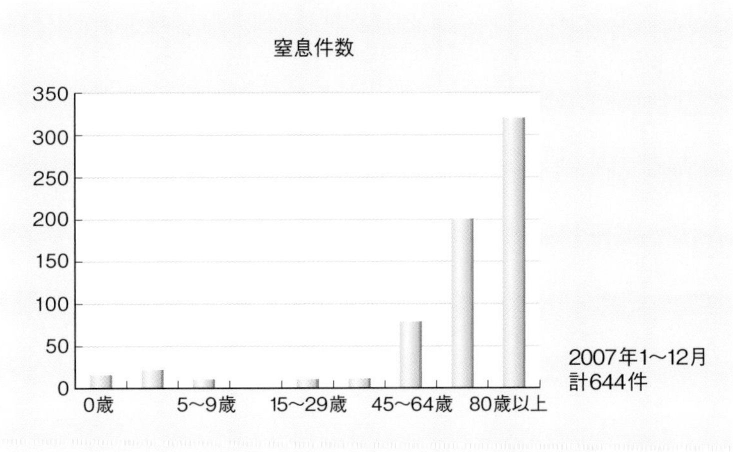

図2　年齢階級と窒息件数
窒息事故は嚥下障害の自覚のない高齢者に多くみられ，65歳以上で顕著に増加する．(2007年 全国救命救急センター報告より集計．計644件の内訳は死亡が378例，救命257例，不明9例)(主任研究者；向井美惠，2007.[2])

▶Chapter 3　高齢者に多い窒息事故(図2) →(eラーニング▶スライド3)

高齢者の不慮の事故死原因のうち，窒息は最も多い(2位 溺水，3位 転倒転落)．食事場面は日常生活内で最もリスクの高い場面と考えられる[2]．

窒息は，誤嚥した食物などが気道を塞ぎ，呼吸ができなくなった状態である．窒息の原因となる食品として，しばしば「もち」や「こんにゃくゼリー」があげられるが，実際には米飯類，パン，菓子類，魚介類，肉類，果実類など，摂取する機会の多いごく日常的な食品が原因となっている．すなわち，普段は嚥下障害を自覚していない高齢者であっても，予備力が低下しているので，準備期，口腔期の処理が適切に行われないと窒息を起こす．

Chapter 3の確認事項▶eラーニング スライド3対応

1. 加齢と窒息の関係を理解する．

▶Chapter 4　高齢者に多い誤嚥性肺炎 →(eラーニング▶スライド4)

日本人の死因の第3位は肺炎(※2017年からは，第5位)で，2011年では年間約12万人が肺炎で死亡している．このうち7割程度が誤嚥性肺炎と見積もられる(**図3**)[3]．特に，高齢者ではその割合が多くなり[4]，高齢者の誤嚥性肺炎の予防は重要である．これには，加齢による摂食嚥下機能の低下や，防御反応の低下，基礎疾患の存在などが大きく影響している．

Chapter 4の確認事項▶eラーニング スライド4対応

1. 高齢者の死因における肺炎の割合を理解する．
2. 加齢と誤嚥性肺炎の相関を理解する．

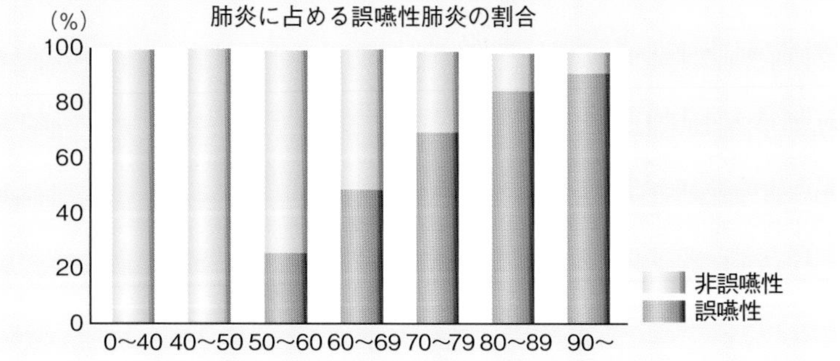

図3　高齢者に多い誤嚥性肺炎
(寺本，2009.[3]より改変)

■日本人の死因の第3位は肺炎(2011年)
60歳代　5名/10万人
80歳代　100名/10万人
85歳以上　2000名以上/10万人

■誤嚥性肺炎
市中肺炎の60%
院内肺炎の87%
70歳以上の肺炎　70%
90歳以上の肺炎　95%

表1　病的変化をもたらす代表的な疾患

1. 脳血管障害
2. 認知症
3. 神経変性疾患(Parkinson病，筋萎縮性側索硬化症など)
4. 筋疾患(多発性筋炎，筋緊張性ジストロフィーなど)
5. 頭頸部腫瘍(舌，咽頭，喉頭，食道の癌)
6. 頸椎変形
7. 廃用症候群(胸部，腹部疾患の術後など)

Chapter 5　生理的変化と病的変化 → (eラーニング▶スライド5)

摂食嚥下機能の加齢による変化をみるとき，加齢による生理的変化と各個人がもっている疾患による病的変化を区別しなければならないが，実際は困難である．しかし，嚥下機能には予備力があり，生理的な変化だけで嚥下障害に陥ることは通常ないとされている．したがって，高齢者の摂食嚥下障害は，生理的変化に加え，比較的軽度の病的変化で発症すると考えられる(**表1**)．高齢者は脳血管障害をはじめ，摂食嚥下障害の原因となる疾患は多いが，明らかな神経筋疾患はなくても，全身麻酔時の気管内挿管による声門機能不全や手術後の絶食による嚥下関連器官の廃用などで，摂食嚥下障害を発症することもまれではない．

Chapter 5の確認事項▶eラーニング スライド5対応

1 摂食嚥下機能と加齢変化の関係を理解する．

Chapter 6　加齢と味覚・嗅覚 → (eラーニング▶スライド6)

味覚は，食事のおいしさを構成する重要な要素である．従来，加齢により味覚能は低下すると考えられていた．これは味蕾や味細胞などの組織学的変化に裏づけられていた．しかし，健常高齢者を対象とした多くの調査では，単味質の場合，認知能が低下しないとの報告が主流である．ただし，より実用的な複合味の認知になると加齢変化は顕著に現れる．また，加齢による基礎疾患の増加やその治療薬の影響を受け味覚が鈍くなる．

味覚刺激は，1) 嚥下機能によい影響をもたらす，2) カプサイシンは咳反射の低下を改善する，との報告もあり，おいしく食べる以上の効果も期待できる．

嗅覚も食事の際に風味として働き，食欲を促進する要素である．風邪を引いたときの食事の味気なさ

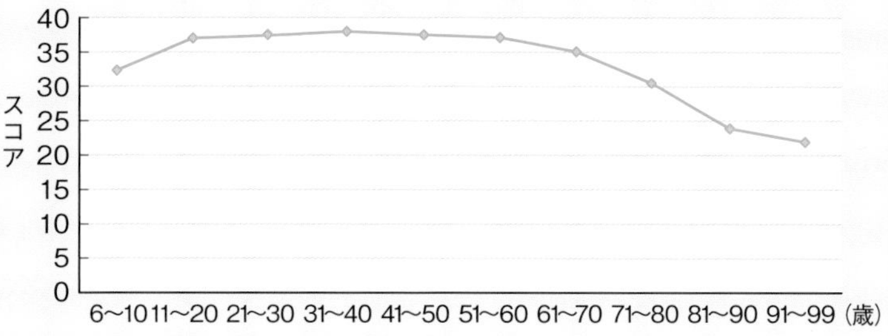

図4　加齢と嗅覚(Doty, 1984.[5])

は誰もが経験しているであろう．嗅覚は加齢変化がはっきりしている．嗅力は30歳頃をピークとして加齢とともに漸次低下し，50歳を過ぎると各種のにおいに対して認知能力が低下する[6](**図4**).

ブラックペッパーの精油のにおいは要介護高齢者の咳反射を促進したとの報告[7]があり，におい刺激を誤嚥予防に利用する試みがなされている．

Chapter 6の確認事項▶**eラーニング スライド6対応**

1 加齢と味覚，嗅覚の相関を理解する．

2 味覚刺激，嗅覚刺激と摂食嚥下機能の相関を理解する．

▶Chapter 7　咀嚼機能と摂食嚥下機能 →（eラーニング▶**スライド7**）

加齢による嚥下関連器官の形態と機能の変化を解説する．

まず咀嚼機能であるが，これは残存歯数と咀嚼筋の機能によって決まる(**図5**)．残存歯数は65～69歳では21.3本であるが，85歳を超えると6.0本となる．義歯などの装置を装着しないと咀嚼機能は回復できない．また，上下の噛み合わせが安定せず下顎がしっかり固定されていないと，口腔期の嚥下運動が妨げられる[8]．

デンタルプレスケールオクルーザーシステムを用いた計測では，咬合筋力は70歳代までは若年者と比較してあまり低下はしないが，80歳以上では有意に低下したとする報告がある[9]．

このように咀嚼機能は加齢に伴い低下する．結果，食べる食品に偏りが生じ，野菜類の摂取が減少し，加工食品の摂取が増加することが報告されている．

Chapter 7の確認事項▶**eラーニング スライド7対応**

1 加齢と咀嚼機能，摂食嚥下機能の関連を理解する．

▶Chapter 8　口腔の加齢変化(表2) →（eラーニング▶**スライド8**）

口腔内で中心的な働きをする舌は，筋層の菲薄化，結合組織の増加など組織学的な変化にもかかわらず，加齢に伴う舌圧の生理的な低下は報告されていない．しかし，舌や頬の協調性の低下の可能性は考

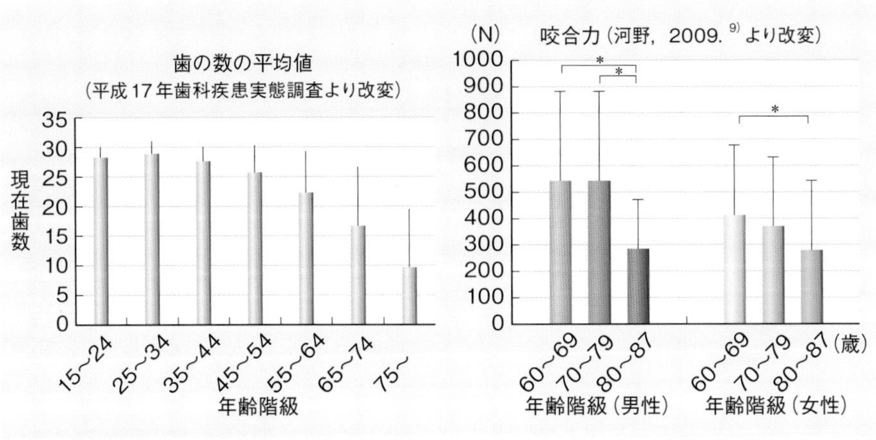

図5　咀嚼機能と摂食嚥下機能

残存歯数は加齢とともに減少する．また，咀嚼筋力も減弱するため，加齢とともに咀嚼機能が低下し，代償的に咀嚼回数の増加が生じる．咀嚼機能は食塊形成を行う準備期を妨げる．また，食べられない食品ができて，栄養の偏りが懸念される．

表2　口腔の加齢変化

舌	舌の筋層の菲薄化など組織学的な変化にもかかわらず，舌圧の加齢に伴う生理的な低下は認められない．
	口唇や頬の力も同様であると考えられる．
	筋力には大きな変化はないものの，協調性の問題は考えられ，口腔期に影響を与える．結果，咽頭期のタイミングが合わないことによる誤嚥の可能性がある．
唾液	生理的な加齢変化だけでは．唾液腺の腺房の萎縮が多少みられるものの，唾液の分泌能低下は起こらない．
	疾病や薬の服用により，唾液分泌の抑制がしばしばみられる．
	口渇感の低下，体内の水分量の低下などで，唾液量の低下は起こりやすい．

えられる．その結果，食塊形成が不十分であったり，食塊の送り込みと咽頭期のタイミングが合わなかったりすることによる，誤嚥や窒息のリスクはある．

唾液の分泌は食塊形成に重要な役割を果たす．唾液分泌が減少すると飲み込みが困難になる．しかし，純粋な加齢変化だけでは，腺房の萎縮が多少みられるものの，唾液の分泌能低下は起こらないとされている[10]．しかし，高齢者では疾病や薬剤の服用による唾液分泌の抑制がしばしば認められる．また，高齢者は体内の水分量が少ないので，唾液分泌の予備能力は低いと考えられ，さらに容易に脱水になる．したがって，口腔内が乾燥している高齢者は多い．

Chapter 8の確認事項▶eラーニング スライド8対応

1 口腔機能と加齢の相関を理解する．

Chapter 9　加齢による喉頭の下降 →（eラーニング▶スライド9）

加齢による変化としてよく知られているものに，70歳を過ぎた頃から始まる安静時の喉頭位の下降

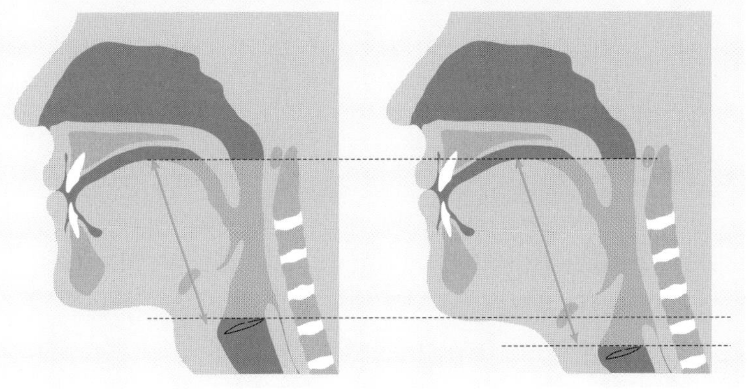

図6　加齢による喉頭の下降
喉頭の位置が下降するため，筋力低下と相まって，喉頭挙上に時間がかかるようになる．また，咽頭内に食塊が残留するようになる．これを飲み込むため，もう一度嚥下する必要が生じる．結果，加齢とともに喉頭侵入の頻度は増える．

がある（**図6**）．若年者では第5頸椎付近の高さにある喉頭が，高齢者では第7頸椎相当部まで近づく．その結果，咽頭腔は拡大し，咽頭内に食塊が残留しやすく，もう一度嚥下する必要が生じる場合がある．また，喉頭挙上に時間がかかり復位にも時間がかかるので，咽頭期は延長することになる．そして喉頭閉鎖に時間がかかるので喉頭侵入の頻度は増える．

Chapter 9の確認事項 ▶ **eラーニング スライド9対応**

1 高齢者の喉頭位と喉頭の下降によって生じる嚥下の問題を理解する．

▶ Chapter 10　**加齢の咽頭期への影響** → （eラーニング ▶ **スライド10**）

加齢による嚥下反射の惹起性でみると研究方法の差異により見解が異なっている．嚥下造影でみると食塊が咽頭に侵入してから嚥下反射が起こるまでに時間がかかるという報告が多いが[11]，咽頭に液体を少量ずつ滴下し嚥下反射の起こりやすさをみる検査では加齢による変化がなく，誤嚥性肺炎を起こしたことのある例や，大脳基底核が障害されている例に嚥下反射が起こりにくいとする報告がある[12]．これらは一見，相反する結果にみえる．しかし，嚥下造影の結果には前述した口腔の協調機能の影響が加味されるので，嚥下反射惹起の閾値に変化がなくても食塊の動きに咽頭期が十分に間に合っていないということは考えられる．その結果，喉頭侵入は加齢により増すと考えられる．病的変化がなければ誤嚥は生じないとされているが，超高齢者では誤嚥を認めるという報告[13]がある．

いずれにせよ，加齢による喉頭低位，不顕性の脳梗塞の存在も想定される普通の高齢者の咽頭期の機能は低下している．

Chapter 10の確認事項 ▶ **eラーニング スライド10対応**

1 加齢と咽頭期の変化について理解する．

▶ Chapter 11　**加齢による食道の変化** → （eラーニング ▶ **スライド11**）

高齢者は上食道括約部（UES：upper esophageal sphincter）の開きが小さいとされる．UESの開大には，1）輪状咽頭筋の弛緩，2）オトガイ下筋群と甲状舌骨筋の収縮による舌骨，喉頭の前方への挙上，3）

表3　加齢による気道防御能の低下要因

加齢と呼吸の協調不全	・嚥下中の無呼吸期が延長
	・加齢とともに嚥下後の呼気が減少
	・嚥下後の呼吸が，呼息から始まる頻度が増加
咳反射の低下	・閾値の低下が報告されている
気道防御能	・低下

食塊が上方から送られてくる圧力が関係するが，2) や3) が低下する結果，嚥下時のUES開大量は小さくなり，通過量が減るので咽頭残留が増す．また食道蠕動の低下や，食道の器質的な異常は加齢とともに増すと考えられ，食道に食塊が停滞したり，胃食道逆流のリスクが高くなる．

Chapter 11の確認事項 ▶ **eラーニング スライド11対応**

1 加齢と食道機能について理解する．

Chapter 12　加齢と呼吸パターン →（eラーニング ▶ スライド12）

嚥下時の呼吸パターンをみると，準備期，口腔期，食道期に気道は開き，この間は呼吸をしている．咽頭期には喉頭が閉鎖されるので無呼吸になる．加齢に伴い，嚥下中の無呼吸期が延長すると報告されている．これは咽頭期の持続時間が延長していることを反映している．

通常，嚥下の後は呼気で始まる．これは，嚥下後に気道入り口にわずかに残った残留物をはき出すのに役立つ．しかし，高齢者では吸気から始まる例が増加する．また，咳反射の閾値が増し，咳が起こりにくくなるとされている．このように，加齢により気道の防御能が低下し，誤嚥のリスクは増す（**表3**）．

Chapter 12の確認事項 ▶ **eラーニング スライド12対応**

1 嚥下時における高齢者の呼吸パターンを理解する．

文　献

1) Roberts SB, Dallai GE：Energy requirements and aging. Public Health Nutr, 8：1028-1036, 2005.
2) 向井美惠（主任研究）：H19厚生労働特別科研報告，2007.
3) 寺本信嗣：誤嚥性肺炎：オーバービュー．日胸，68(9)：795-808, 2009.
4) 山脇正永：誤嚥性肺炎の疫学．総合リハ，37：105-109，2009.
5) Doty RL, Shaman P, Applebaum SL, et al.：Smell identification ability：changes with age. Science, 226：1441-1443, 1984.
6) 三輪高喜：高齢者の嗅覚障害．Geriat Med，44(6)：813-817，2006.
7) 海老原孝枝，他：ブラックペッパーの精油の匂いは老人施設入居者の嚥下反射を顕著に促進した．臨床栄養，112(7)：802-803，2008.
8) 松尾浩一郎：摂食・嚥下機能に対する加齢の影響．Modern Physician，26；11-14，2006.
9) 河野　令：地域高齢者の咬合力と介護予防因子について．日老医誌，46：55-62，2009.
10) 河野正司監訳：唾液―歯と口腔の健康．医歯薬出版，東京，p.37，1997.
11) Kobayashi H, et al.：Aging effect on swallowing reflex. Chest, 111：1466, 1997.
12) Logemann JA, et al.：Effect of aging on swallowing mechanism. Otolalyngol Clin North Am, 23：1045-1056, 1990.
13) 大前由紀雄，他：超高齢者の嚥下機能―加齢に伴う嚥下機能の変化．日気食会報，54：1-7, 2003.

11 摂食嚥下に影響する要因

Lecturer ▶ 小口和代
刈谷豊田総合病院リハビリテーション科部長

学習目標 *Learning Goals*

- 意識障害の原因がわかる
- 気管カニューレの種類がわかる
- 経鼻経管栄養チューブの嚥下機能への影響がわかる

▶Chapter 1　はじめに —— 摂食嚥下に影響を及ぼすもの

→（eラーニング ▶ **スライド2**）

摂食嚥下障害は，原因疾患によって機能的障害と器質的障害に大別される．一方，その原因疾患にかかわらず，摂食嚥下機能に影響を及ぼすものがある．代表的なものは，加齢による影響である（参照 ▶ P78「10．加齢と摂食嚥下機能」）．

ここでは，加齢以外で，臨床的によく遭遇する影響因子である意識レベルと，代表的な医原性の問題のうち薬剤，気管カニューレ，経鼻経管栄養チューブについて解説する．

▶Chapter 2　意識と嚥下

→（eラーニング ▶ **スライド3**）

脳幹部（中脳，橋，延髄）には，脳神経核とともに脳幹網様体という意識，注意，睡眠覚醒リズムの中枢が存在する（**図1**）．脳幹網様体は嚥下，血管運動，呼吸，嘔吐の中枢でもある．意識障害があれば，摂食嚥下障害を合併する．摂食嚥下障害があっても意識障害は必ずしも合併しない．意識レベルでJCS（Japan Coma Scale）1桁よりもよいということが直接訓練開始基準の一つとなる．

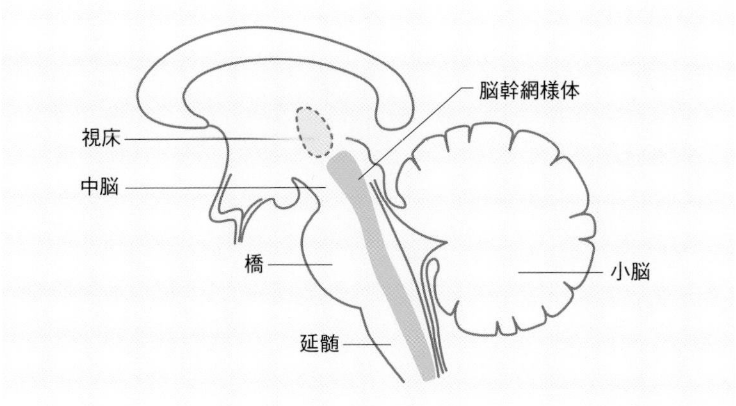

図1　脳幹網様体の部位
（伊藤，2001.[1)]）

表1　意識レベルの評価（Japan Coma Scale；JCS）

Ⅰ．刺激しないでも覚醒している状態（1桁で表現）	1．だいたい意識清明だが，いまひとつはっきりしない 2．見当識障害がある 3．自分の名前，生年月日がいえない
Ⅱ．刺激すると覚醒する状態――刺激をやめると眠り込む（2桁で表現）	10．普通の呼びかけで容易に開眼する　合目的的な運動（たとえば右手を握れ，離せ）をするし，言葉も出るが間違いが多い 20．大きな声または体を揺さぶることにより開眼する　簡単な命令に応じる　たとえば離握手 30．痛み刺激を加えつつ呼びかけを繰り返すと辛うじて開眼する
Ⅲ．刺激をしても覚醒しない状態（3桁で表現）	100．痛み刺激に対し，はらいのけるような動作をする 200．痛み刺激で少し手足を動かしたり，顔をしかめる 300．痛み刺激に反応しない

Chapter 2の確認事項 ▶ **eラーニング スライド3対応**

1. 脳幹網様体の働きを理解する．
2. 意識障害と摂食嚥下障害の関係を理解する．

Chapter 3　意識レベルの評価（Japan Coma Scale；JCS）

→（eラーニング ▶ **スライド4**）

わが国でよく使用される意識障害の評価法としてJapan Coma Scale（JCS）がある（**表1**）．覚醒度によって3段階に分け，それぞれ3段階あることから，3-3-9度方式ともよばれる．ほかに欧米で用いられているGlasgow Coma Scale（GCS），近年JCSを改訂して作成されたEmergency Coma Scale（ECS）がある．

Chapter 3の確認事項 ▶ **eラーニング スライド4対応**

1. 意識レベルの評価法を理解する．
2. JCSの特徴を押さえる．

Chapter 4　意識障害の原因（1）

→（eラーニング ▶ **スライド5**）

代表的な意識障害の原因は，中枢神経系に一次的な病変が存在する疾患の脳卒中・外傷性脳損傷・脳腫瘍などである．しかし意識障害の原因となる疾患・病態には，脳に病変がないものも多数ある（**表2**）．すなわち内科・外科的疾患の経過中，全身状態が悪化するときに意識障害を合併しうることに注意しなければならない．

Chapter 4の確認事項 ▶ **eラーニング スライド5対応**

1. 意識障害の原因について理解する．

表2　意識障害の原因[2)]

1　中枢神経系にprimaryの病変が存在する疾患	脳卒中・外傷性脳損傷・脳腫瘍・脳炎・水頭症など
2　代謝性・内分泌疾患	糖代謝異常・電解質異常・代謝性アシドーシス・肝性昏睡・尿毒症・CO_2ナルコーシスなど
3　無酸素性障害	ショック・低酸素血症・窒息・重症貧血など
4　中毒性疾患	アルコール・睡眠薬・抗精神病剤・抗てんかん剤など
5　体温異常	
6　精神性	

意識障害の原因となる疾患・病態には，脳に病変がないものも多数ある．

▶Chapter 5　意識障害の原因（2）→（eラーニング▶スライド6）

意識障害の原因は単一でなく，複数併存している場合も多い．意識レベルの改善には，全身状態の改善が必須である．例として高齢の肺炎入院患者で意識障害をきたしうる要因を考えてみよう．

肺炎に伴う発熱や低酸素脳症，脱水，脱水に伴って起きる電解質異常やショック，さらに入院によって不穏状態が出現した場合に使用される薬剤などがあげられる．これらは意識障害を引き起こし，摂食嚥下機能を悪化させる．また意識障害は安静臥床を長期化させ，廃用症候群を確実に進行させる．結果としてさらに摂食嚥下障害が悪化し，肺炎，脱水を悪化させるという悪循環を形成する．

Chapter 5の確認事項▶eラーニング スライド6対応

1 複合的要素による意識障害の発症と，意識障害の身体機能への影響を理解する．

▶Chapter 6　薬剤の副作用→（eラーニング▶スライド7）

薬剤による摂食嚥下障害の発現機序は以下に大別される[3, 4)]．

(1) 筋力・錐体外路系の障害

(2) 自律神経系の障害

(3) 意識・精神機能の低下

(4) 口腔乾燥・味覚低下など口腔機能の低下

表3には代表的な摂食嚥下障害をきたす薬剤をあげた．

Chapter 6の確認事項▶eラーニング スライド7対応

1 薬剤による摂食嚥下障害の発現機序を理解する．

2 摂食嚥下機能に影響する代表的な薬剤を押さえる．

▶Chapter 7　摂食嚥下機能を改善する薬剤→（eラーニング▶スライド8）

薬剤による摂食嚥下障害改善の発現機序としては，原疾患・病態の改善，嚥下・咳反射の改善がある

表3　薬剤別のおもな副作用

	筋力・錐体外路系	自律神経系	意識・精神機能	口腔機能
抗精神病剤 抗うつ剤 抗不安剤	○		○	○
抗コリン剤		○		○
ステロイド	○			
筋弛緩剤	○		○	
抗癌剤				○
抗てんかん剤 抗ヒスタミン剤			○	○
利尿剤				○
制吐剤	○			

表4　摂食嚥下機能を改善する薬剤

(1) 原疾患・病態の改善	＜例＞ドーパ製剤→Parkinson病 筋弛緩薬　→頸部筋の痙縮
(2) 嚥下・咳反射の改善	カプサイシン，L-ドーパ：サブスタンスP※の放出 アンギオテンシン変換酵素(ACE)阻害薬： サブスタンスPの分解抑制 アマンタジン： ドパミンを放出させ，そのドパミンがサブスタンスPを放出

※咽頭・喉頭の迷走神経知覚枝終末から放出される嚥下・咳反射の閾値を低下させる物質．

(**表4**)．後者としてサブスタンスP(咽頭・喉頭の迷走神経知覚枝終末から放出される嚥下・咳反射の閾値を低下させる物質)の増加を促進する薬剤が最近注目されている．降圧剤として古くから使用されているアンギオテンシン変換酵素阻害剤は副作用の咳がよく知られていたが，これを摂食嚥下障害に適応している．アマンタジンは多発性脳梗塞に適応があり臨床上よく使用される．このような嚥下反射改善薬が経管栄養中の発熱や抗菌薬投与を減少させたという報告がある[5]．

Chapter 7の確認事項▶**eラーニング スライド8対応**

1 摂食嚥下障害に対する薬剤の薬効，発現機序を理解する．
2 摂食嚥下機能を改善する代表的な薬剤を押さえる．

▶Chapter 8　気管カニューレ →(eラーニング▶**スライド9**)

気管切開術は上気道閉塞や声門下狭窄，呼吸不全，気道分泌物の喀出困難な例に施行される．輪状軟骨の下方，上部気管輪間で切開し，気管カニューレが挿入される．**図2**に示すように呼吸は声門を通過して行われない．

図3はカニューレ装着の外観である．**図4**は嚥下内視鏡で観察した気管カニューレ装着例の咽頭腔で，喉頭前庭に唾液が多量に貯留しているのがわかる．カニューレを装着すると声門下から呼気が流れ

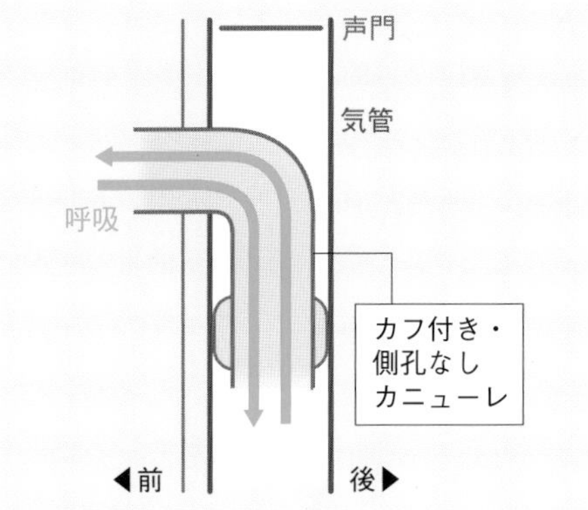

図2　気管カニューレの概要

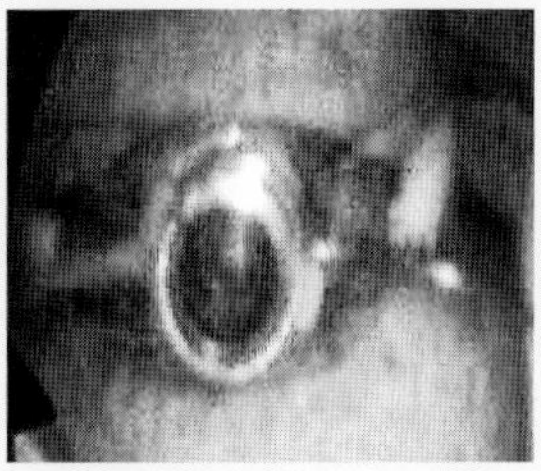

図3　外観

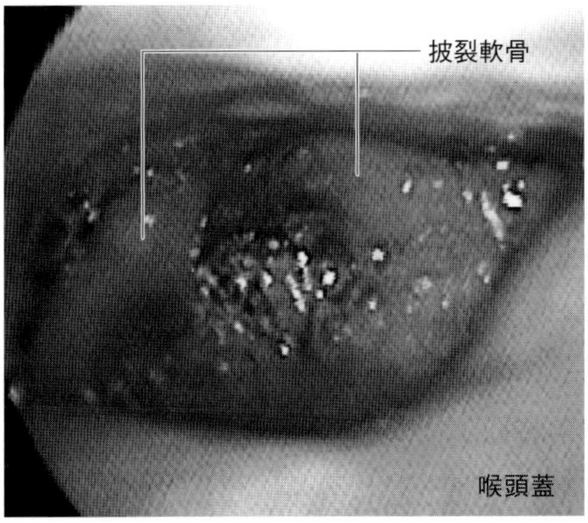

図4　咽頭腔

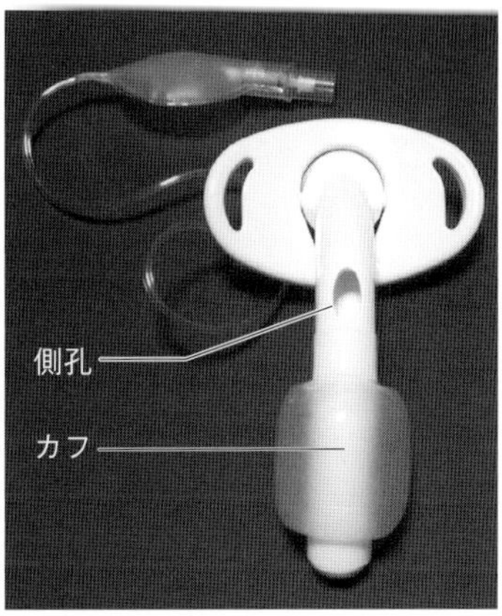

図5　カフ付き・側孔ありカニューレ

ないので，このように唾液が貯留しやすい

Chapter 8の確認事項▶**eラーニング スライド9対応**

1 気管カニューレ装着にあたっての注意点を理解する．

Chapter 9　気管カニューレの使用目的 →（eラーニング▶スライド10）

気管カニューレの使用目的としては，以下があげられる[6)]．

(1) 気道の確保　(2) 下気道感染の管理　(3) 呼吸器の装着　(4) 誤嚥の防止？？

カニューレは完全には誤嚥を防止できない．そもそもカニューレは声門下に挿入されており（**図2**），一度声門下に侵入したものを喀出することは，カニューレがあることでむしろ困難となる．また口腔や鼻腔から吸引しても吸引カテーテルは声門下には届かない．カフを拡張させると，カフ上に誤嚥物は貯留するが，喉頭の上下運動時にできる気管粘膜とカフのすき間から，カフ下へも通過することがある．カニューレより下に侵入した誤嚥物は，カニューレから喀出するか吸引することになる．

カフ上に溜まる誤嚥物を吸引するための専用ルートのついた気管カニューレもあり，唾液の誤嚥が多い例などに使用される．

表5　気管カニューレの種類

		人工呼吸器装着	カフ下への誤嚥ブロック	発声
カフ付き	側孔なし	○	○	×
	側孔あり	× 内筒を入れれば○	× 内筒を入れれば○	○ 内筒を入れれば×
カフなし	側孔なし	×	×	○
	側孔あり	×	×	○

Chapter 9の確認事項▶**eラーニング スライド10対応**

1. 気管カニューレの使用目的を理解する．
2. カニューレ装着時における誤嚥への対応を理解する．

▶Chapter 10　気管カニューレの種類 →（eラーニング▶**スライド11**）

気管カニューレは，カフ，側孔の有無によってそれぞれ機能に特徴がある（**表5**）．患者の摂食嚥下機能，呼吸機能によって適切な種類を選択する．

Chapter 10の確認事項▶**eラーニング スライド11対応**

1. 気管カニューレの種類を理解する．

▶Chapter 11　気管カニューレの摂食嚥下機能への影響 →（eラーニング▶**スライド12**）

気管カニューレは喉頭挙上の減少，声門下圧の減少，喉頭感覚の低下，喀出力低下などにより，摂食嚥下機能を阻害する（**表6**）．吸気・呼気が声門を通過しないため喉頭粘膜が感覚低下し，その結果咳反射の消失を引き起こし，高率に不顕性誤嚥を認める．また，気管粘膜への刺激により，肉芽が形成されることがある．

Chapter 11の確認事項▶**eラーニング スライド12対応**

1. 気管カニューレの摂食嚥下機能への影響について理解する．

▶Chapter 12　経鼻経管栄養チューブの摂食嚥下機能への影響 →（eラーニング▶**スライド13**）

経鼻経管栄養チューブの摂食嚥下機能への影響として，チューブ周囲の不潔化，嚥下運動の阻害，胃食道逆流，留置中の不快感などがある．これらの悪影響を最小限にするために刺激の少ない細いチュー

表6　気管カニューレの摂食嚥下機能への影響

- 喉頭挙上の減少
- 声門下圧の減少
- 喉頭感覚の低下
  吸気・呼気が声門を通過しないため喉頭粘膜の感覚低下や咳反射の消失を引き起こす
- 喀出力低下
- 気管粘膜への刺激→肉芽形成

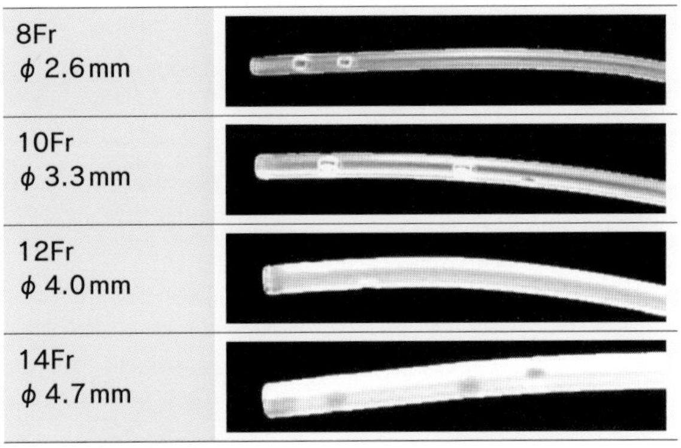

図6　経鼻経管栄養チューブの摂食嚥下機能への影響
悪影響を最小限にするために刺激の少ない細いチューブを使用する．チューブが咽頭を交差しないように鼻腔側と同側の咽頭に挿入する．挿入する鼻腔と反対側に頸部回旋してチューブを挿入するとよい．

ブを使用したり，チューブが咽頭を交差しないように鼻腔側と同側の咽頭に挿入したりする（**図6**）．挿入する鼻腔と反対側に頸部回旋してチューブを挿入するとよい[7)]．特に経鼻経管栄養を行いながら直接訓練を行う場合には，可能な限り細いチューブ（12Fr以下）を使用しなければならない．

Chapter 12の確認事項 ▶ eラーニング スライド13対応

1. 経鼻経管栄養チューブの摂食嚥下機能への影響を理解する．
2. 経鼻経管栄養チューブによる摂食嚥下機能への影響を抑える方法を理解する．

文　献

1) 伊藤　隆：解剖学講義．第2版，南山堂，東京，p.681，2001.
2) 水野美邦編：神経内科ハンドブック　鑑別診断と治療．第3版，医学書院，東京，p.139，2002.
3) 藤谷順子：薬剤と摂食・嚥下障害．医師・歯科医師のための摂食・嚥下障害ハンドブック，本田知行，溝尻源太郎編，医歯薬出版，東京，pp.55-57，2000.
4) 高橋博達：摂食・嚥下障害と薬物療法．馬場　尊，才藤栄一編，新興医学出版社，東京，pp.65-67，2008.
5) 小川太郎：嚥下反射改善作用を有する薬剤による経管栄養中の呼吸器感染予防．日摂食嚥下リハ会誌，13：26-30，2009.
6) 田山二朗：外科的介入とその後の対応．摂食・嚥下リハビリテーション，第1版，金子芳洋，千野直一監修，医歯薬出版，東京，pp.143-145，1998.
7) 藤森まり子：経管栄養．嚥下障害ポケットマニュアル，聖隷三方原病院嚥下チーム，医歯薬出版，東京，pp.137-142，2001.

12 合併症（誤嚥性肺炎・窒息・低栄養・脱水）

Lecturer ▶ 藤谷順子
国立国際医療研究センター病院
リハビリテーション科医長

学習目標 *Learning Goals*

- 誤嚥性肺炎と発熱についての基本的な知識を得る
- 発熱や肺炎時の基本的な対応を理解する
- 窒息時の緊急対応を理解する
- 合併症としての低栄養の重要性を理解する
- 脱水の評価と対策について理解する

▶ Chapter 1　誤嚥と肺炎 →（eラーニング ▶ スライド2）

誤嚥イコール肺炎ではない．誤嚥を起こせば必ず肺炎を起こすわけではなく，肺炎の発生には誤嚥物の量，誤嚥物内の細菌量，誤嚥物の pH（胃液を誤嚥した場合には pH が低いので肺への傷害性が高い），咳反射の有無と喀出力の強弱，肺の局所免疫能，身体の防衛体力（栄養状態，免疫）が関与する（**表1**）．

▷ Chapter 1の確認事項 ▶ eラーニング スライド2対応

1 肺炎の発症要因を理解する．

▶ Chapter 2　肺炎を起こす誤嚥（表2）→（eラーニング ▶ スライド3）

肺炎は日本人の死因の第3位を占める疾患であり，その95%が高齢者である．肺炎を起こす誤嚥の一つは食事に伴う誤嚥であり，むせを示す場合と示さない場合（不顕性誤嚥）がある．もう一つは食事に伴わない誤嚥であり，唾液の誤嚥，咽頭分泌物や貯留物の誤嚥，胃食道逆流に伴う誤嚥である．これは micro-aspiration といわれる．多くの場合むせを示さないため，このような唾液の誤嚥を不顕性誤嚥と記載している文献もある（一般的には耳鼻科やリハビリテーション科など，VF 観察の歴史のある科の医師は，咳のない誤嚥であれば唾液に限らず不顕性誤嚥とよぶが，肺炎発症と関連して誤嚥を考える内科医の書いたものでは，唾液の誤嚥を不顕性誤嚥とよんでいる場合が多い）．夜間の唾液の不顕性誤嚥が，特に高齢者での肺炎には関与していると考えられている．胃食道逆流も誤嚥の原因になる．胃食道逆流は高齢者や臥床者では胸やけなどの自覚症状が少ない．

▷ Chapter 2の確認事項 ▶ eラーニング スライド3対応

1 肺炎発症因子の一つである誤嚥の種類を把握する．
2 誤嚥の原因を理解する．

表1　誤嚥と肺炎

誤嚥＝肺炎ではない
誤嚥を起こせば必ず肺炎を起こすわけではない
肺炎の発生には以下の条件が関与する
誤嚥物の量 誤嚥物内の細菌量 誤嚥物のpH 咳反射の有無および喀出力の強弱 肺の局所免疫能 身体の防衛体力：栄養状態，免疫など

表2　肺炎を起こす誤嚥

食事に伴う誤嚥	・むせを示す場合と示さない場合（不顕性誤嚥）がある
食事に伴わない誤嚥	・唾液の誤嚥，咽頭分泌物や貯留物・逆流物の誤嚥 ・micro-aspirationといわれる ・多くの場合むせを示さない ・夜間の唾液の不顕性誤嚥が，特に高齢者での肺炎には重要と考えられている ・胃食道逆流があるとそれを誤嚥することもある

表3　肺炎の症状と診断

咳・痰・発熱	・高齢者ではこれらの症状が必ずすべて出現するとは限らず，ボーッとしている（軽い意識障害），尿失禁をした，などの全般的な身体機能低下症状が出ることも多い
胸部X線またはCTでの浸潤影	・誤嚥性肺炎は右下肺に多い
血液中の白血球・CRP（C反応性タンパク）の上昇	・白血球（WBC）正常値：約3,000～8,000/μL ・CRP正常値：0.4mg/dL以下
肺炎の診断基準	・胸部X線または胸部CTで肺胞性陰影（浸潤影）を認める ・37.5度以上の発熱，CRPの異常高値，末梢白血球数9,000/μL以上の増加，喀痰など気道症状のいずれか二つ以上存在する場合

▶Chapter 3　肺炎の症状と診断（表3）→（eラーニング▶スライド4）

肺炎の3徴は咳・痰・発熱といわれているが，高齢者では上記の症状が必ずすべて出現するとは限らず，ボーッとしている（軽い意識障害），尿失禁をした，などの全般的な身体機能低下症状が出ることも多い．胸部X線写真またはCTでの浸潤影が肺炎診断の決め手になる．

誤嚥性肺炎は右下肺に多いとされる．解剖学的に主気管支の右は左より垂直に近いため，誤嚥物は右肺に落ちやすいからである．しかし，吸い込みやすい上葉に肺炎を起こす症例，臥床がちで背部に肺炎を起こす症例などもあり，右下葉でないことが誤嚥性肺炎でない理由にはならない．

血液中の白血球・CRPは炎症を示す所見で，肺炎だけでなくさまざまな炎症性疾患（感染症やリウマチなど）で上昇する．白血球の正常値は，測定方法にもよるがおおむね約3,000～8,000/μLであり，高齢者では低いことが多い．CRP（C reactive protein）は炎症や組織破壊が起きているときに肝臓から産

参考 REFERENCE

誤嚥性肺炎と嚥下性肺炎

いずれも英語のaspiration pneumoniaであり，各学会の用語集によって，誤嚥性肺炎，嚥下性肺炎，あるいは併記しているものがある．ICD-10では嚥下性肺炎だが，同じICD-10のなかに，妊婦中誤嚥性肺臓炎の語もある．耳鼻咽喉科学会は，用語集と，嚥下障害診療ガイドラインのなかでは嚥下性肺炎の語を用いているが，ホームページの市民への啓蒙ページでは，誤嚥性肺炎の語を用いている．以上のように，厳密に嚥下性肺炎の語を用いたい学者が存在しながらも，誤嚥性肺炎のほうが一般には通りがよい，という状況である．嚥下性肺炎の語を用いている医師・執筆者ですらも，さまざまな書籍のなかでは統一せず併用して用いていることがしばしばである．日本呼吸器学会は，呼吸器感染症ガイドラインのなかで，誤嚥性肺炎の語を用いている．DPCでも誤嚥性肺炎である．なお日本摂食嚥下リハビリテーション学会では現在用語集を準備中である．

参考 REFERENCE

医療・介護関連肺炎（NHCAP）

2011年8月，日本呼吸器学会より「医療・介護関連肺炎（nursing and healthcare associated pneumonia；NHCAP）」の概念と，診療ガイドラインが発表された．社会の高齢化により，対処の必要性が増大している肺炎の概念の整理である．NHCAPの定義は，①長期療養型病床群もしくは介護施設に入所している，②90日以内に病院を退院した，③介護を必要とする高齢者，身体障害者，④通院にて継続的に血管内治療（透析，抗菌薬，化学療法，免疫抑制薬等）を受けている症例における肺炎である．NHCAPには「難治性・再燃性で，予後が不良と考えられる高齢者に多い肺炎」と，「耐性菌による肺炎」の二つの大きなタイプが存在するとされており，前者は脳梗塞等の器質的疾患を背景とした誤嚥性肺炎が典型的であるとされている．

資料：日本呼吸器学会 呼吸器感染症に関するガイドライン作成委員会：医療・介護関連肺炎診療ガイドライン．日本呼吸器学会，東京，2011．

生されるタンパク質で，炎症の強さの指標に使用される．正常値は，おおむね0.4mg/dL以下であり，1mg/dLであれば上昇と考えてよい．

長寿科学総合研究事業「嚥下性肺疾患の診断と治療に関する研究班」による肺炎の診断基準は「次の①，②を満たす症例」である．

「①胸部X線または胸部CTで肺胞性陰影（浸潤影）を認める，②37.5度以上の発熱，CRPの異常高値，末梢白血球数9,000/μL以上の増加，喀痰など気道症状のいずれか二つ以上存在する場合」

Chapter 3の確認事項 ▶ eラーニング スライド4対応

1 肺炎診断の指標を理解する．

Chapter 4　参考：嚥下性肺疾患診断フローチャート →（e-ラーニング ▶ スライド5）

しかし，誤嚥による肺炎すなわち誤嚥性肺炎はどのような必要条件で診断されるかについては定説はない．臨床的に肺炎の原因として嚥下障害以外の明らかなものが考慮されない場合，誤嚥性肺炎として対応する．**図1**「診断フローチャート（嚥下性肺炎研究会作成）」を参考に掲載する．

さらに，長寿科学総合研究事業「嚥下性肺疾患の診断と治療に関する研究班」が発表した「誤嚥性肺炎の臨床診断基準」では（注；本章で述べている誤嚥性肺炎はこの研究班が定義するところの嚥下性肺

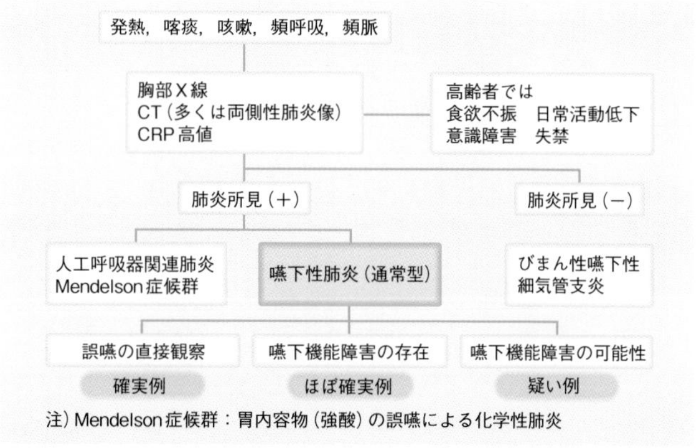

図1　参考：嚥下性肺疾患診断フローチャート（嚥下性肺炎研究会）

炎通常型に相当する），以下のように定義している．

I．確実例

IA．明らかな誤嚥が直接確認され，それに引き続き肺炎を発症した症例．

IB．肺炎例で気道より誤嚥内容が吸引等で確認された症例．

II．ほぼ確実例

IIA．臨床的に飲食に伴ってむせなどの嚥下障害を反復して認め，肺炎の診断基準を満たす症例．

IIB．IAまたはIBに該当する症例で肺炎の診断基準のいずれか一方のみを満たす症例．

また，誤嚥性肺炎は常に単独で発症するとは限らず，非誤嚥性の肺炎（インフルエンザ肺炎，肺炎球菌性肺炎など）の発症例が，臥床や経過による廃用で誤嚥をして誤嚥性肺炎を合併することや，慢性の炎症性肺疾患（肺気腫，間質性肺炎など）例が誤嚥をして誤嚥性肺炎を合併することもまれではない．

Chapter 4の確認事項▶eラーニング スライド5対応

1 臨床上の誤嚥性肺炎対応基準を理解する．

2 誤嚥性肺炎が複合的に発症する場合もあることを理解する．

Chapter 5　発熱を認めた場合の鑑別診断 →（eラーニング▶スライド6, 7）

嚥下障害の症例が発熱を認めた場合，いつでも必ず誤嚥性肺炎が原因であるわけではない（**表4**）．嚥下障害症例は，その他の身体機能も低下していることがあり，さまざまな原因で発熱を起こすことがある．診断する立場でなくても，どのようなことか理解しておくほうがよい．

尿路感染症は，膀胱炎のことである．UTI（urinary tract infection）と略されることも多い．治療は抗菌薬の投与と残尿をなくす，減らすことである．尿路カテーテルを留置されていると，尿路感染症を起こす頻度が高くなるが，自排尿，あるいは失禁症例でも，残尿（膀胱中の尿をすべて出し切ることのできない場合）がある場合には尿路感染の頻度が高くなる．

胆嚢炎も，長期臥床により発生頻度が上昇する．廃用症候群としての胆嚢炎は，禁食を続けて胆汁分泌の需要がなかった期間のあと，消化管が動き始めて胆嚢も働き始めないといけないときに発症しやすく，まさに食事再開時であるために，誤嚥性肺炎による発熱との鑑別が重要である．障害者では，必ずしも腹痛が常にはっきりしているとは限らず，採血での胆道系の酵素（ALP・γGTPなど）上昇および炎症所見（CRP，白血球が上昇），エコーやCTで胆嚢の拡張などの所見が得られたことと併せて診断する．治療は禁食・抗菌薬投与，さらにはドレナージ（管を入れる），手術などである．禁食期間が長くなると，さらに嚥下機能にも廃用の危険がある．

腸感染症，下痢のある場合には感染性腸炎を疑い，便を培養して調べる．治療は抗菌薬，禁食である．院内発症の感染性下痢症の多くは，*Clostridium difficile*腸炎（CD関連腸炎）である．これは院内感染であり，アルコールでの手洗いが無効で，所定の感染予防対策をとる．

上気道，肺の感染症で発熱する場合があり，特に従来から結核，肺MAC症*などがある場合はその再燃である可能性がある．

*肺非定型抗酸菌症の70%以上が肺MAC（MAC：Mycrobacterium avium complex）症である．

直接訓練施行中の症例が発熱をきたしたら（表5）

主治医と連絡を取り，発熱の原因が直接訓練による誤嚥かどうか判断を仰ぐ．検査結果が出るまで，

表4　発熱を認めた場合の鑑別診断

尿路感染症（膀胱炎）（UTI）	・尿混濁がみられ，検尿で尿中の白血球が増加
胆嚢炎	・採血で炎症所見と，胆道系の酵素が上昇 ・エコーやCTで胆嚢の拡張などの所見がみられる
腸感染症	・下痢のある場合にこれを疑い，便培養を調べる ・院内発症症例ではCD関連腸炎が多い
その他の感染症：上気道，肺	・特に従来から結核，非結核性抗酸菌症などがある場合はその再燃も疑う

表5　直接訓練施行中の症例が発熱をきたしたら

発熱の原因が直接訓練による誤嚥かどうか主治医の判断を仰ぐ	・いったん禁食にするか？ ・間接訓練を継続するか？ ・直接訓練方法に反省点があるか？
発熱の原因が直接訓練による誤嚥である場合	・直接訓練方法に見直すべき点がないか？ ・直接訓練を再開するかどうか，その条件について主治医と相談する． ・直接訓練以外に追加や見直し点を検討する． ・当分の禁食や胃瘻作成など目標の変更もありうる．

いったん禁食にするのかどうかの指示を仰ぐ．その場合でも，発熱による体調不良が著明でない限り，嚥下機能低下を予防するために間接訓練は継続したいので主治医と相談する．

発熱の原因が直接訓練による誤嚥である場合，直接訓練の食形態・介助法・量・不顕性誤嚥の見落としなど見直すべき点がないか検討する．直接訓練を再開するかどうか，どのような条件で再開するか，について主治医の判断を仰ぐ．また，直接訓練以外の項目で追加や見直しが必要な点がないかどうか検討する．たとえば，排痰訓練を強化する，などである．

当分禁食することになったり，胃瘻を作成することになったりなど目標の変更もありうる．ゴールのレベルを下げることによる本人の心理面にも配慮した対応が望まれる．

Chapter 5の確認事項 ▶ **eラーニング スライド6, 7対応**

1. 発熱が認められた場合の原因を理解する．
2. 尿路感染症，胆嚢炎，腸感染症の概要を押さえる．
3. 発熱が直接訓練に起因する場合の対応を理解する．

▶ Chapter 6　誤嚥性肺炎の予防 → （eラーニング ▶ **スライド8**）

誤嚥性肺炎の予防には，嚥下訓練だけでなく多角的な対応が必要である（**表6**）．すなわち，食事に伴う誤嚥の防止として，嚥下機能改善のための訓練や治療を行い，食事の際には，食形態の調整・代償的テクニックの利用・適切な介助に配慮する．禁食も，食事に伴う誤嚥の防止手段である．並行して，唾液の誤嚥によるリスクの軽減もはかる．口腔ケアの励行，また，人工呼吸器装着症例などでは咽頭ケア

表6　誤嚥性肺炎の予防

1．食事に伴う誤嚥の防止	嚥下機能改善，食形態，代償手段，適切な介助，禁食
2．唾液誤嚥によるリスクの軽減	口腔ケア（咽頭ケア）励行，嚥下機能改善
3．胃食道逆流の軽減	体位（臥床時のヘッドアップ），経腸栄養剤の半固形化や消化管運動への配慮
4．咳・喀出能力の改善	咳反射改善，喀出能力の改善，排痰法，内服や吸入
5．全身体力・免疫力の改善	ADLや活動性の改善，栄養サポート

にも心がける．嚥下機能改善のための薬物療法も検討する．

胃食道逆流を軽減することも肺炎の頻度を減らす．食後の座位保持のほか，夜間や臥床時のヘッドアップ体位は効果があるが，ずり落ちにより仙骨部褥瘡をつくらないように配慮する．経腸栄養症例では，逆流を起こさないように，過量を避け，半固形化での注入を考慮し，便秘も解消する．

一方，誤嚥を皆無にすることはできないと考え，咳・喀出能力の改善をはかる．内服薬による咳反射改善，訓練による喀出能力の改善，排痰法指導，内服や吸入による援助が行われる．

1日に何回も咳をするためには，全身体力が必要であり，また，免疫力の改善のためにも，ADLや活動性をあげ，栄養状態を改善させる．その目的で，経口摂取をめざす症例でも，点滴や経腸栄養を併用することはしばしばある．

▶Chapter 7 窒息を起こす食物・場面 →（eラーニング▶スライド9）

報告されているだけでも年間8,379名（令和元年）が窒息で死亡しており，8割以上が65歳以上の高齢者である．窒息を起こす食物は餅だけでなく，米飯，肉類，パンなど多岐にわたる．高齢者の窒息では，咀嚼力の低下はリスク要因の一つだが，詰め込み食べなどの食べ方も要因になる．一見，嚥下障害が自覚されておらず，自立している症例でも窒息の危険はある．早期発見・早期対応が事故の結果の重要性を左右するため，ベッドで自立して食べている患者への見まわりなども重要である．

Chapter 6, 7の確認事項▶eラーニング スライド8, 9対応

1. 誤嚥性肺炎の予防的対処法を理解する．
2. 窒息を起こす状況を理解する．

▶Chapter 8 窒息時の処置 →（eラーニング▶スライド10）

口のなかに食物がみえている場合には，まず指で掻き出してみる．押し込まないことに注意し，また完全には取れないことも理解しておく．

ハイムリック法（**図2**）のやり方は，まず患者の背部にまわり両腕で上体を抱え，一方の手でこぶしを握り剣状突起と臍の間に置き，もう一方の手をその上にかぶせて組む．患者の腹部に食い込ませるように瞬間的に引き上げ，上方に締めつけるように圧排する．

日本救急医療財団心肺蘇生法委員会による日本版救急蘇生ガイドラインでは，意識（反応）のある窒息症例では，背部叩打・ハイムリック法を行うこととしており，反応がなく，ぐったりしている場合には，心肺停止に対する心肺蘇生をまず開始する．心肺蘇生手技である胸骨圧迫により異物が除去されることがある．

救急隊員や医師は，窒息症例に対しては，マギール鉗子（**図3**）（および喉頭鏡）による摘出を行うことができる．病院や設備のあるところでは吸引も有効な手段である．日頃吸引をしない職種でも，吸引器の基本的な使用方法についてマスターしておくことは，緊急時の吸引施行や，緊急時の多職種による吸引に際しての的確な介助などに役立つ（参照▶eラーニング 第2分野）．バイスタンダー（by Stander）といわれる発見者の対応が重要である．

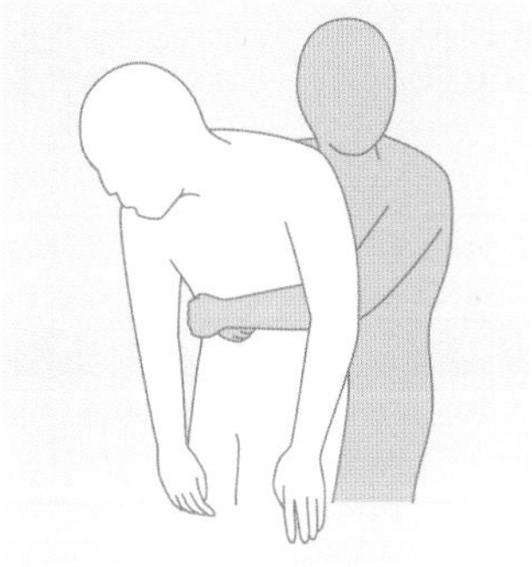

図2　ハイムリック法

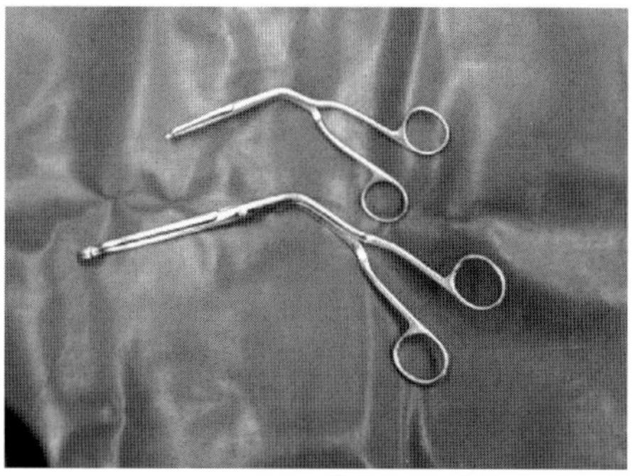

図3　マギール鉗子

Chapter 9　窒息が疑われた際の対応（表7）→（eラーニング▶スライド11）

反応（意識）・呼吸・脈などを確認しつつ，まず大声を出して人をよぶ．在宅であれば救急車を要請する．窒息物の除去を試み，意識障害の場合には心肺蘇生措置を開始する．人が集まってきたら，医師・看護師・救急隊員などに本人への処置を交代し，その人を援助するために，必要物品を集めたり，搬送の準備をしたりする．発見者は，医師・看護師などに発見時間，窒息の疑いであること，何を窒息したか，いつからか，意識はいつまであったか，などを報告する．記録も重要で，時間経過のメモなどもつけたうえ，一段落したら，記録や，報告書（インシデントレポート）などを所定の書式で作成する．

こうした事故については，（過失の有無を問わず）組織として情報の共有，再発予防の検討が必要である．上記の対応がすばやくできるように物品のありかを確認し，訓練なども行っておく．

Chapter 8, 9の確認事項▶eラーニング スライド10, 11対応

1 窒息時の対応を理解する．

Chapter 10　栄養の重要性（表8）→（eラーニング▶スライド12）

嚥下障害の症例では低栄養の評価と対応が重要である．まず，嚥下障害によって摂食量が少ないために低栄養をきたすことがある．低栄養は，筋萎縮や筋力低下，あるいは末梢神経障害の要因となり，嚥下機能の改善を阻害しうる．また，低栄養は，嚥下障害の合併症である誤嚥性肺炎の悪化要因でもある．

経口摂食で早急に低栄養が改善できると予測できない場合には，非経口的な手段で低栄養を改善することを検討する（参照▶eラーニング 第5分野）．

Chapter 10の確認事項▶eラーニング スライド12対応

1 低栄養によって引き起こされる身体状況を理解する．

2 低栄養への対処について理解する．

表7　窒息が疑われた際の対応

・反応（意識）・呼吸・脈などを確認
・人をよぶ
・窒息物の除去を試みる
・反応がない（意識消失）場合には心肺蘇生を開始
・救急カート・酸素関連用品などを集める
・到着した医師などに，窒息の疑いであること，何を窒息したか，いつからか，意識はいつまであったかなどを報告する
・記録・報告（インシデントレポートの作成と提出）
・組織として情報の共有，再発予防の検討

表8　栄養の重要性

低栄養の弊害	・死亡率の増加，疾患罹患率の増加，感染症や褥瘡などの感染症の増加をもたらす ・ADLの改善遅延，入院期間延長をもたらす
嚥下障害と低栄養；嚥下障害治療の目的の一つは栄養状態の改善である一方で，低栄養自体も嚥下障害の悪化要因となる	・嚥下障害→摂食量の減少→低栄養に注意 ・在宅で嚥下障害が進行した例では要注意 ・低栄養→筋萎縮・筋力低下・末梢神経障害の原因→嚥下改善の阻害 ・低栄養→誤嚥性肺炎の悪化要因

Chapter 11　脱水の危険とその把握 →（eラーニング▶スライド13）

嚥下障害症例では，嚥下困難による水分摂取量の不足から脱水に陥りやすいばかりか，とろみをつけることで，味や腹部膨満感のために水分摂取量が少ない場合もある．

一方，嚥下障害を自覚していなくても，高齢者では脱水リスクが高い．身体の水分含有量が少なく，摂取量不足の影響を受けやすいうえ，口渇等の症状が現われにくいことにより発見が遅れる．夜間に排尿のために目覚めたりトイレに行くのを嫌がって，水分摂取を控えている場合もある．

Chapter 11の確認事項▶eラーニング スライド13対応

1 嚥下障害と脱水の相関を理解する．

Chapter 12　脱水の所見と対策（表9）→（eラーニング▶スライド14）

脱水の症状は，口渇，尿量減少のほか，舌乾燥，皮膚乾燥，意識障害などが重要で，これらがそろった場合は，3,000 mL（体水分量の10％）程度の水分欠乏が考えられる．

血液検査では，BUN（blood urea nitrogen；血中尿素窒素）が高く，クレアチニン（Cre）はそれほど高くないときには脱水を疑う．BUN/Cre比25は一つの目安となる．ヘマトクリット高値（他に多血症でも増加），尿酸高値（他に痛風でも増加）も参考になる．50 kgの人であれば，体表から失われる水分が1 kgあたり約20 mL，老廃物を排出するために必要な最低尿量が約500 mLであり，1,500 mLの水分が必要である．体内で200～300 mLはつくられるので，最低1,200 mLは摂取が必要となる．こまめに

表9　脱水の所見と対策

脱水の症状	• 口渇，尿量減少 • 舌乾燥，皮膚乾燥，意識障害
脱水を疑う検査所見	• BUNが高く，クレアチニン（Cre）はそれほど高くない．BUN ÷ Cre > 25
50 kgの人であれば，最低1,200 mLは摂取が必要	• 水分必要量の概算：約1,500 mL 　・体表から失われる水分が1 kgあたり約20 mL 　・老廃物を排出するために必要な最低尿量が約500 mL • 体内での生成：約200～300 mL
対　策	• 頻回の水分補給 • 経口以外の方法での補給も検討

水分補給時間を設けることが基本だが，経口以外の方法で補うことが必要な場合もある．

Chapter 12の確認事項 ▶ eラーニング スライド14対応

1 脱水症状の指標を理解し，脱水への対応法を理解する．

索　引

た

な

は

ま

ら

数字・欧文

日本摂食嚥下リハビリテーション学会
eラーニング対応
第1分野 摂食嚥下
リハビリテーションの全体像Ver. 3　ISBN978-4-263-44893-9

2010年11月10日　第1版第1刷発行
2020年9月1日　第3版第1刷発行

編　集　日本摂食嚥下リハビリテーション学会
発行者　白　石　泰　夫
発行所　医歯薬出版株式会社
〒113-8612　東京都文京区本駒込1-7-10
TEL. (03) 5395-7638(編集)・7630(販売)
FAX. (03) 5395-7639(編集)・7633(販売)
https://www.ishiyaku.co.jp/
郵便振替番号 00190-5-13816

乱丁，落丁の際はお取り替えいたします．　印刷・真興社／製本・皆川製本所